SHODENSHA
SHINSHO

# 2025年、人類が再び月に降り立つ日

## ——宇宙開発の最前線

寺薗淳也



祥伝社新書

# はじめに――新しい宇宙開発の時代へ、ようこそ

アルテミス計画――それは、人類を再び月に送ろうという、アメリカ主導の国際共同計画です。

今年（2022年）6月、NASA（アメリカ航空宇宙局）が配信した、アルテミス計画の1枚の写真に、私は思わず見とれました。

それが本書のカバー写真です。打ち上げを待つロケットの背後に、その目的地である月が写っています。

この1枚の写真の中に、私の人生が詰まっていました。

私は大学院時代、月の内部構造の研究という、なかなか珍しいテーマに取り組んでいました。そのときは月がことのほか好きだったとかということではなく、何か新しく珍しいテーマで研究をしてみたい、という思いからでした。

しかし研究はなかなか進展せず、そうしているうちに、宇宙開発事業団（現在はＪＡＸＡ：宇宙航空研究開発機構に統合）への就職の話が出てきました。仕事は、日本の大型月探査計画「セレーネ」（後の「かぐや」）の立ち上げでした。

一から月探査ミッションを作る。やりがいがある仕事であると同時に、初めて就いた仕事がこのような大きなものであったことから、戸惑うことも少なからずありました。

そのような中で、このセレーネの意義や特徴を広く伝えていくために、ホームページを立ち上げることになりました。１９９８年のことです。この頃、ホームページでミッションの広報を行なうというのはかなり先進的でした。

それから24年。ＪＡＸＡ広報部での経験、とくに小惑星探査機「はやぶさ」の広報を経て、月・惑星探査、そして宇宙開発の広報・普及啓発は私のライフワークとなりました。

科学から探査技術、そして広報・普及啓発へ。私の月への向き合い方の変化が、まさにあの写真の中にすべて入っているのです。月、そしてそこへ向かうロケット、それを捉えた写真を多くの人たちにインターネットを通して伝える広報。アルテミス計画への道は、また私の人生をなぞるような道でもあったのです。

月と長年付き合っていく間に、月そのものへの興味も増していきました。月自体の不思議、私たち人間、とくに日本人と月との長い関わり、そして月探査が拓く未来。四半世紀前に私たちが唱えた「ふたたび月へ」というキャッチフレーズが実現しようとしている今、宇宙開発について興味を持つ人も増えつつあるようです。

そして今、宇宙開発が新たなステージに入ろうとしています。日本人宇宙飛行士が数年後に月に降り立つことも夢ではなくなっています。日本でも多くのベンチャー企業が宇宙開発に参入し、続々と成果を挙げています。宇宙開発は私たちにとってますます身近になっていくようです。

本書は、アルテミス計画を中心として、宇宙開発についての話題をわかりやすくまとめたものです。日本と世界の宇宙開発の歴史と現状、民間企業による宇宙開発進出の今後、宇宙資源採掘への期待と問題点。宇宙開発の過去・現在・未来を一望できる内容になっています。

宇宙開発は面白そう、興味がある、でも何かとっつきにくい、そのような方こそぜひお読みいただければと思います。広報に携《たずさ》わった経験をもとに、宇宙開発についてできる限りわかりやすく解説しました。

一方、宇宙開発が身近になるにつれて、問題点も少しずつ出てきています。アルテミス計画にかかるとされる巨費をどのように負担するのか、民間企業の宇宙開発は果たしてバラ色の未来なのか、宇宙はみんなのもののはずなのに宇宙資源を採掘することはいいことなのか。どれも簡単に結論が出る問題ではないですし、専門家だけで解決する問題でもありません。

本書ではそのような負の側面についても触れています。ただ、「負」という否定的なイメージではなく、問題点からどう私たち一人ひとりが考えていくのかという積極的な関わり方が重要だと思っています。そしてその思いは、私が宇宙開発の世界に入ってずっと抱き続けてきたことです。

本書を読むことで、とくに次世代の宇宙開発を担う若い人たちに、未来への希望と、それを支える確かな知識を持ってもらえれば、著者としてこれ以上うれしいことはありません。

あらためて申し上げます。新しい宇宙開発の時代へ、ようこそ。

寺薗淳也

# 目次――２０２５年、人類が再び月に降り立つ日

## 第2章　世界の宇宙探査・開発の歴史

# 第3章　日本の宇宙探査・開発の歴史

# 第4章　宇宙開発は民間が主役へ

## 第5章　宇宙資源は誰のものか

## 第6章　これからの宇宙開発と私たち

構成　中村俊宏
本文DTP　アルファヴィル・デザイン

# 第1章

# これで丸わかり！
# アルテミス計画のすべて

## 「ふたたび月へ」の第一歩、まだ踏み出せず……

本書を手に取られている読者の多くは、今年（2022年）8月29日に打ち上げられた「アルテミス1（ワン）」のことを、ニュースなどでよく耳にされたことでしょう。アルテミス1は、アメリカを中心として進められている有人月探査「アルテミス計画」の最初のミッションとして実施されました。アポロ計画以来半世紀ぶりに、人類が再び月に降り立つことを目指すアルテミス計画の第一歩が、アルテミス1の打ち上げです――。

という当初の原稿を書いて、編集者に渡したのは、今年の8月26日のこと。「ふたたび月へ」の第一歩となるアルテミス1が無事に打ち上がることを願い、いわば予定稿として書いたものでした。

しかしながら、現時点（9月末日）で、アルテミス1はまだ打ち上がっていません。そのため、原稿を急いで書き直した次第です。

当初の予定日だった8月29日当日、NASA（アメリカ航空宇宙局）は打ち上げに向けた最終作業を進めていました。しかし、エンジンの一部に不具合が見つかり、打ち上げの延期が決まりました。燃料である液体水素を注入する作業中、エンジンの1つを始動前の目標温度まで冷却できなかったことが原因でした。

打ち上げが延期となったアルテミス1の新型ロケット「SLS」。現地時間2022年8月29日朝に撮影された画像。(NASA/Joel Kowsky)

新たな打ち上げ予定日は9月3日(日本時間4日未明)に決まりました。ところが、やはり打ち上げ当日になって、液体水素を注入する際に一部の配管で断続的な水素漏れが発生しました。これを止められず、再び打ち上げが延期されたのです。

9月21日には推進剤(燃料の液体水素と酸化剤の液体酸素)の充填テストが実施され、準備は順調に進みました。しかし打ち上げ予定日の10月2日を前に、フロリダ州をハリケーンが襲い、ロケットを一度整備棟に引き戻すことになりました。また、多くの職員が被災したため、その影響を考慮して、現時点では11月中旬の打ち上げを目指すとされています。

「再び月へ、の第一歩が、ついに踏み出されたのです！」という形で本書を始められなくなったのは少々残念です。しかし、気を取り直して、半世紀ぶりに人類を月へ送るアルテミス計画の全貌について、これからご紹介していきます。

## アルテミス計画とはどんなもの？

アルテミスとは、ギリシャ神話に登場する「オリュンポス十二神」の一柱であり、月の女神です。そして、同じく十二神の一柱である太陽神アポロン（ローマ神話ではアポロとも）とは双子の関係にあります。つまりアルテミス計画という名前は、初めて人類を月に送ったアポロ計画の再来であることを示しているのです。

アルテミス計画では、約50年ぶりとなる有人月探査の実現に向けて、3つの段階を順に踏んでいきます。今回のアルテミス1はその最初のステップであり、無人の宇宙船だけをロケットで打ち上げて、月の周回軌道に投入します。そして宇宙船を地球に帰還させて、東太平洋上で回収します。宇宙船とロケットのテストが、アルテミス1の目的です。

2024年に予定されている「アルテミス2」が、第2のステップです。宇宙船に宇宙飛行士が実際に乗り込んで、月から6000キロメートル以上離れた月の裏側の地点まで飛行し、月には着陸しないで地球に帰還します。月に降りないとはいえ、月の周囲ほどの遠い場所にまで人間が行くこと自体が、半世紀以上ぶりになります。

そして、今のところ２０２５年に予定されている「アルテミス３」が、いよいよ月着陸の本番です。月を周回する軌道上に、前もって月着陸船を投入しておきます。一方、地球からは宇宙飛行士を乗せた宇宙船を打ち上げ、月着陸船とドッキングします。そして月着陸船が月面に着陸し、宇宙飛行士が月に降り立つのです。およそ半世紀ぶりに月面を歩く人類は、１人が女性になるのはほぼ確実で、もう１人は有色人種になるのではないかといわれています。アポロ計画で月に降り立ったのべ12人の宇宙飛行士は、全員が白人男性でしたので、女性や有色人種の宇宙飛行士が月面を歩けば、ともに初めてのことです。

ＪＡＸＡ（宇宙航空研究開発機構）在籍時から月探査に関わってきた私にとって、アルテミス１の打ち上げは待ち焦《こ》がれていたものでした。２０１７年にアルテミス計画がスタートした際、アルテミス１の打ち上げは早ければ２０１９年にも実施される予定でした。しかしロケットや宇宙船の開発が遅々として進まず、計画はどんどん遅れていったのです。

ＮＡＳＡ（アメリカ航空宇宙局）がアルテミス１の打ち上げ日を「８月29日、９月２日、９月５日のいずれか」と発表したのは、２０２２年の７月20日でした。53年前の１９６９

年7月20日、アポロ11号の宇宙飛行士が人類史上初めて月面に足跡を残した、その歴史的な記念日に合わせて、打ち上げ日を発表したのです。

しかし、打ち上げ日が8月末から9月初め、そして宇宙船の地球帰還の目標日が10月中旬頃であると聞いて、私は「これは少々、困ったことになったぞ！」と思いました。なぜなら、本書の刊行日がすでに10月末に決まっていたからです。原稿の修正がぎりぎり間に合うのは10月初め頃までなのですが、その時点では宇宙船が地球帰還を果たしたかどうかがわからなかったからです。

そして結局、打ち上げ自体の延期が続き、現在に至っているのはお話しした通りです。ともあれ、引き続き、アルテミス1のミッションについてくわしく説明します。

## アポロ計画と同じ発射台からの打ち上げ

アルテミス1は、アメリカ・フロリダ州のケネディ宇宙センターの、39B発射台から打ち上げられることになっています。「ローンチパッド（発射台）サーティナインB」は、アメリカ人にとって歴史的郷愁《きょうしゅう》を呼び起こす名前です。なぜならかつてのアポロ計画の時代から、この39B発射台が使われていたからです。

２０２２年３月に、ＮＡＳＡがアルテミス１の大々的なお披露目を行なった場所も、この39Ｂでした。「半世紀前、我々が初めて月に行った、まさに同じ場所から、再び月に向かうのだ」という、アメリカ人の誇りに訴えかけるものになっているわけです。

アルテミス１の目的は、カプセル型の新しい有人宇宙船「オライオン（Orion）」と、新型ロケット「スペース・ローンチ・システム（ＳＬＳ）」のテストです。宇宙船の名前は、日本語では「オリオン座」などと同じく、「オリオン」と表記されることも多いようです。しかしOrionの英語の発音は「オライオン」に近く、しかもＮＡＳＡが建造した宇宙船であることから、私はずっと「オライオン」と呼んできました。本書ではそれを継続します。

オライオンはＮＡＳＡにとって、スペースシャトル以来となる有人宇宙船として開発されました。翼を持ち、大きな貨物室も持っていたスペースシャトルと異なり、オライオンはカプセル型の形状で、大きさは直径約５メートルです。アポロ計画で使われたアポロ宇宙船の形と似ていますが、それより少し大きく、最大４人の宇宙飛行士が搭乗できます（アポロ宇宙船は３人）。

ただしアルテミス１では、オライオンに人間は乗らず、代わりに３体のマネキンが乗船

有人宇宙船「オライオン」の想像図。(NASA)

します。マネキンには宇宙放射線のセンサーなどが装備されていて、人体に有害な放射線のレベルを測定したり、各種センサーのテストなどが行なわれます。

一方、アルテミス1で使われるロケット・SLSは、高さ約98メートル、重さ約2600トンです。最大推力は約4000トンで、アポロ計画で使われたサターンV(ファイブ)ロケットよりも約15パーセント推力が大きくなっています。

SLSには、打ち上げ目的に応じて複数のバリエーションが用意されています。アルテミス1で使われるのは、もっとも基本的な1段式ロケット(推進装置が「コアステージ」の1つだけ)のタイプです。将来、火星やもっと遠くの惑星に送る探査機を打ち上げる際には、推力を増した2段式ロケットを使用する計画になっています。

## 打ち上げから帰還までのタイムライン

アルテミス1の打ち上げから帰還までの予定（タイムライン）を紹介します。本文中の丸付き数字（①、②…）は、図の中の丸付き数字に対応しています。また、以下は当初計画のタイムラインであり、実際には変わる可能性があります。

① アルテミス1のSLSに搭載されたオライオンが打ち上げられます。
② 打ち上げ約2分後に、2本の固体ロケットブースターが切り離され、さらに必要がなくなった緊急脱出装置も分離されます。
③ 約8分後に、メイン推進装置であるコアステージのメインエンジンを停止し、その後コアステージを分離します。
④ 地球周回低軌道に入り、軌道を徐々に調整します。
⑤ システムチェックをしながら、オライオンの太陽電池パネルを展開します。

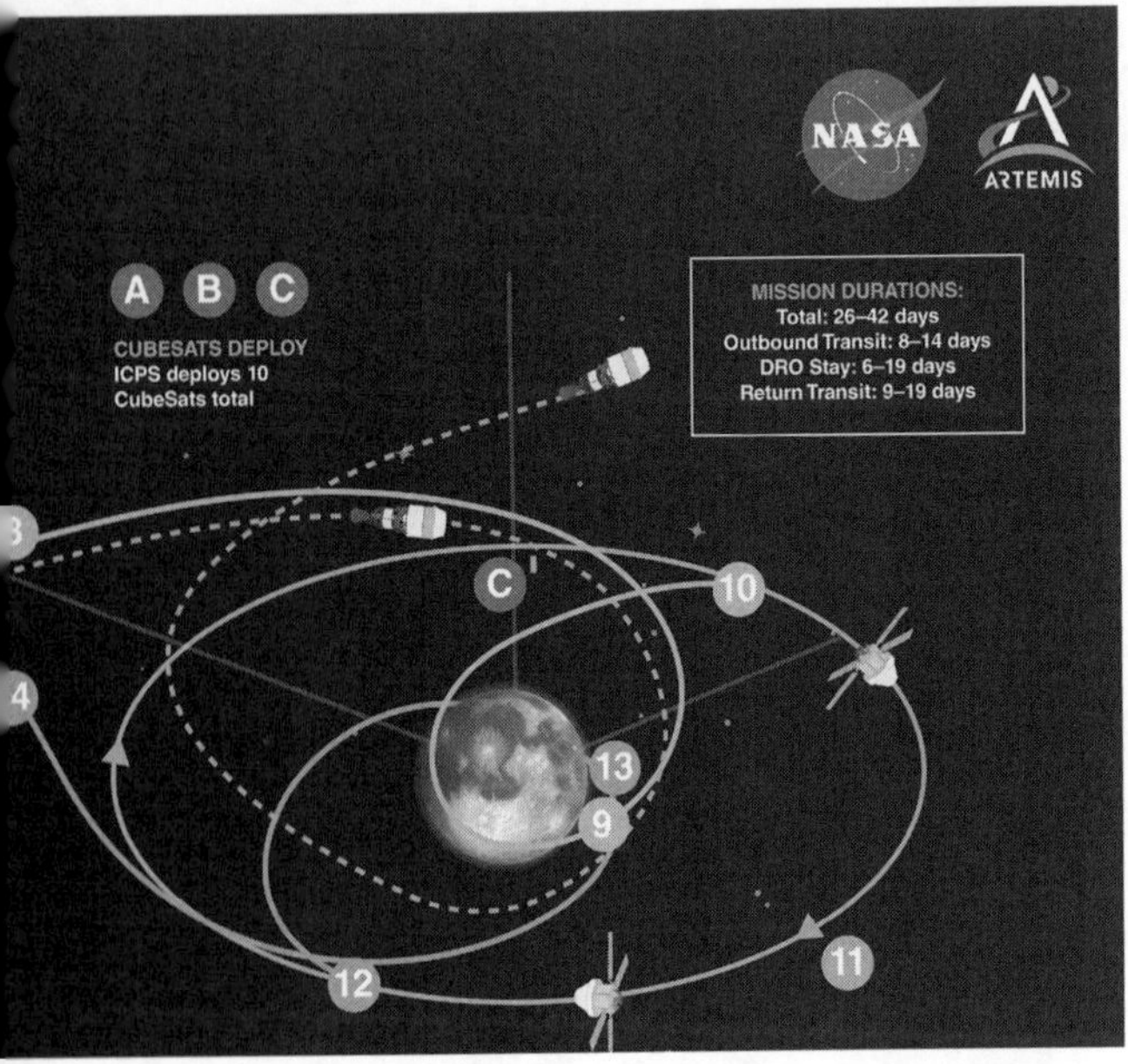


⑥ オライオンにつながれた液体燃料推進ステージ（ICPS）を約1時間半噴射させて大きな推力を得た後、オライオンは月に向かうコース（TLI）に乗ります。

⑦ 打ち上げから約2時間後、オライオンとICPSが分離されます。ICPSからはその後、キューブサット（CubeSat）と呼ばれる超小型の科学衛星10機が順次放出されます（図のA、B、Cの3地点）。その中には、日本の「オモテナシ（OMOTENASHI）」と「エクレウス（EQUULEUS）」という名前の2機も含まれます（次項で紹介します）。

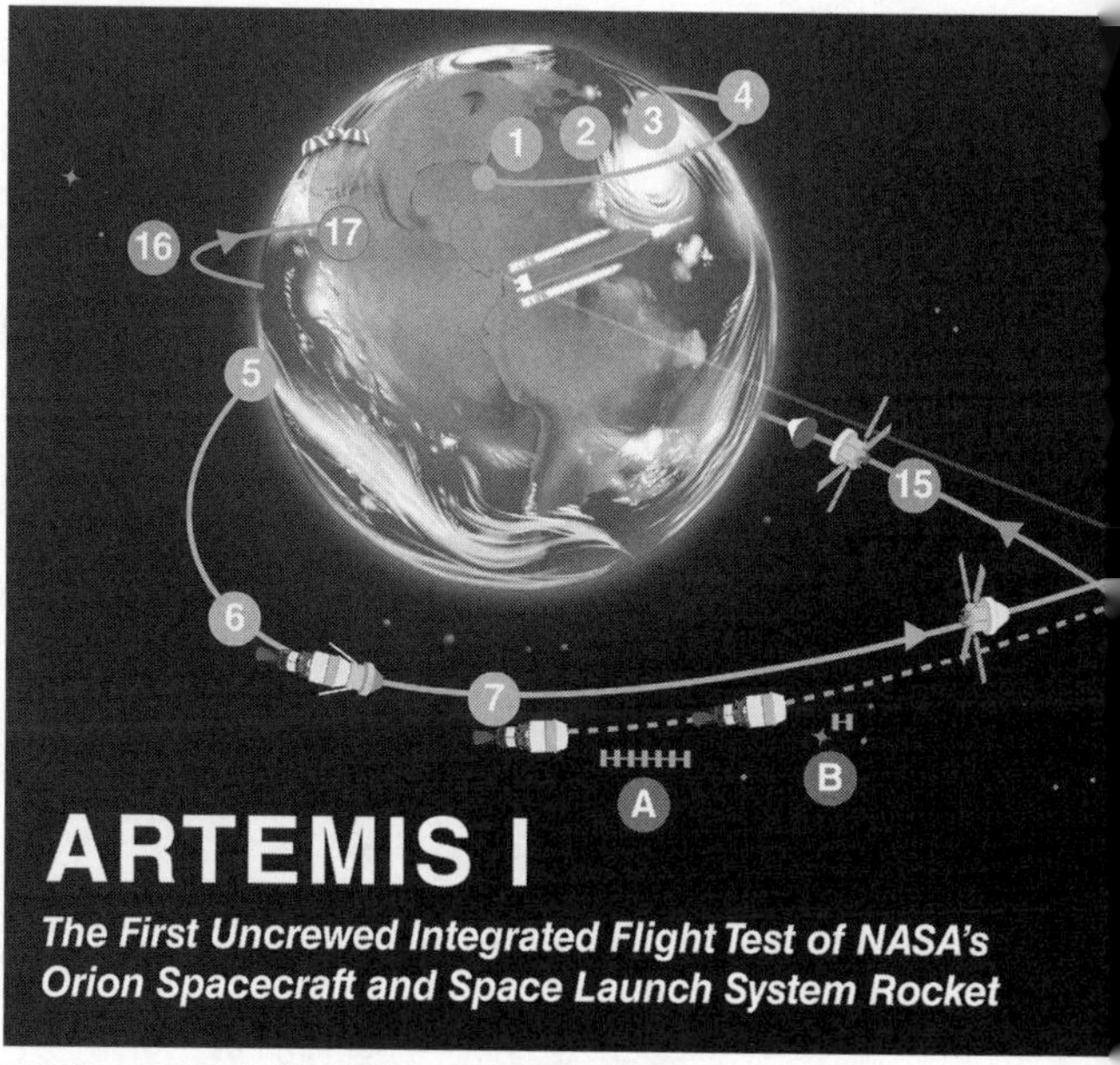
ARTEMIS I
The First Uncrewed Integrated Flight Test of NASA's Orion Spacecraft and Space Launch System Rocket
アルテミス1の打ち上げから帰還までの概要。(NASA)

⑧ 打ち上げから6日目に、オライオンは月を周回するDRO(Distant Retrograde Orbit)という軌道への投入を開始します。DROは、月からの距離が遠く、月の自転方向と逆行する軌道であり、少ない燃料で安定した飛行を維持できます。

⑨ 宇宙船はいったん、月面から約100キロメートルの距離まで近づきます。

⑩ 月の重力を利用しながら、エンジンを点火して軌道を変えて、DROに投入されます。

⑪ 宇宙船はDRO上を周回します(月面には着陸しません)。月からも

っとも離れた時、地球との距離は約45万キロメートル（地球と月の平均距離は約38・4万キロメートル）になります。

⑫打ち上げから22日目に、オライオンはDROを離脱します。

⑬いったん月面から800キロメートルの距離まで近づき、月の重力を利用しつつ、エンジンを再点火して軌道を変えて、地球へ向かいます。

⑭軌道を修正しながら、地球への帰還軌道を進みます。

⑮⑯打ち上げから43日目に、オライオンのクルーモジュール（宇宙飛行士の居住空間）がサービスモジュール（機器区画）から切り離された後に、地球の大気圏に再突入します。

⑰カプセル型のクルーモジュールがパラシュートを使って降下し、カリフォルニア州サンディエゴ沖の太平洋に着水します。サービスモジュールは大気圏再突入時に燃え尽きます。

今はただ、アルテミス1の無事の打ち上げ、そして地球帰還を願うばかりです。

## アルテミス計画はなぜもたついている？

ところで、アルテミス1の打ち上げが遅れて、原稿を書き直している私に対して、編集者からこんな質問とリクエストをもらいました。

「人類は半世紀も前に月に行ったことがあるのに、なぜ今、こんなに手こずっているのですか？　アルテミス計画とアポロ計画との難易度の違いについて、ぜひ書き足してほしいです」

50年以上も前に月に行ったことがあるなら、科学技術が当時よりはるかに進歩した現在、人類を再び月に送るなんて簡単なのではないか、という疑問です。読者の皆様の多くも、同じことを思っているだろうと思います。

アルテミス計画の遅れ、もたつきについては、さまざまな要因が絡んでいるはずであり、簡単に説明できるものではないと思われます。その上で、現時点で私が考える、おもな要因を以下に2つ挙げてみます。

1つめは、半世紀前のアポロ計画では、アメリカの国家予算が無尽蔵につぎ込まれて、人類を世界で初めて月に送るというミッションがすべてに優先して進められた、という点です。当時の東西冷戦構造の中で、宇宙開発の分野でソ連に遅れをとったアメリカは、何が何でも有人月探査競争だけは勝利したいと、国家の威信をかけてアポロ計画を進めました。それに比べると、アルテミス計画にかける予算はやはり少なく、その分、開発がスローペースになってしまうのだと思われます。

2つめは、その「50年」という時間が理由です。アポロ計画で培《つちか》われた、人間を地球から38万キロメートルも離れた月へ送る技術は、1980年代以降、スペースシャトルという地球近傍へ人や物資を送る技術に、完全に置き換わってしまいました。そのため、月までの飛行に必要な技術が一度失われ、技術の断絶が生じてしまったのです。

じつはロシアが、同じようなことを経験しています。ソ連は1970年代まで、非常に高い宇宙開発技術を誇っていました。しかし1980年代の経済の混乱からソ連崩壊の1990年代にかけて、技術者がどんどん逃げていったのです。2000年代のロシアの宇宙産業に残っていたのは、入りたての若者と引退直前の老人ばかりで、中間層がまったくいない状態でした。その結果、技術の継承ができず、ロケット技術がどんどん衰えていったのです。

そしてNASAでも、アメリカ政府の宇宙政策がころころ変わることに嫌気がさしたり、民間企業のほうが待遇が良いことなどから、人材がどんどん流出しています。技術者の数がますます減る中、アポロ計画で培われた技術はすでに失われ、最初からもう一度、有人月探査の技術を作り直さなければならないのです。アルテミス1の打ち上げでは「やってみないとわからない」「やってみて初めて、不具合がわかった」ということが続出しています。これはまさに、技術の継承がなされず、新たな技術の開発も難しい状況に陥っていることを示したものです。

宇宙開発分野に限らず、一度失われた技術は簡単に取り戻せないこと、それゆえに技術の継承は非常に大事であることを、アルテミス1打ち上げの相次ぐ延期が教えてくれていると思います。

## 月の裏側6万キロメートルに向かう超小型衛星「エクレウス」

先ほども話したように、アルテミス1のSLSロケットにはオライオン宇宙船だけでなく、キューブサットと呼ばれる超小型の科学衛星が10機積まれ、ともに宇宙に向かいます。

キューブサットは、10センチメートル四方の立方体（キューブ）を1単位（1U）とした超小型衛星です。今回のアルテミス1に搭載されたのは6Uサイズで、NASAの要求により、大きさは11・6×23・9×36・6センチメートル、重さは14キログラム以下と決められています。大きさのイメージとしては「A4サイズの、小ぶりのアタッシュケース」に近いでしょうか。

10機のうち、2機は日本が開発したもので、「エクレウス」と「オモテナシ」という名前がついています。2機はロケットの打ち上げから3時間40分後(予定)に、宇宙に放出され、それぞれの目的地へと向かいます。

東京大学が中心となり、JAXAや日本大学などが協働して開発したエクレウスは、地球から見て月の裏側の6万キロメートルほど離れたEML2(Earth-Moon L2 point=地球・月の第2ラグランジュ点)と呼ばれる地点へ向かいます。ここは地球と月から受ける重力がバランスして、人工衛星などが少ないエネルギーで長期間留まることができる場所であり、将来、惑星探査機を打ち上げる拠点としてふさわしい場所と考えられています。

人類はこれまで、月の向こう側にあるEML2に探査機を送ったことがほとんどありません。そこでエクレウスはEML2を訪れて、その環境を調べたり、そこでの衛星や探査機の制御技術を磨くことをおもな目的としています。EML2は「軌道運動の感度が良い」場所であり、わずかな軌道制御で惑星間軌道、地球周回軌道、月周回軌道などさまざまな軌道に移ることが可能です。逆にいうと、軌道制御を少しでも間違うと、とんでもない方向へ飛んでいってしまう場所でもあります。したがってエクレウスを使って衛星などの制御技術を磨こうという狙いです。

エクレウスは、水を加熱して発生させた水蒸気を噴出するエンジン「アクエリアス」を搭載しているという特徴を持っています。地球の磁気圏の全体像を把握するための超小型プラズマ撮像《さつぞう》装置「フェニックス」や、月面への微小隕石衝突を観測するためのカメラ「デルフィヌス」なども搭載し、科学観測も行ないます。

ちなみにエクレウス（EQUULEUS）という名前は「EQUilibriUm Lunar-Earth point 6U Spacecraft」（月・地球間の平衡点の6Uサイズ宇宙機）から取られていて、「こうま座」(Equuleus）という意味も持っています。アクエリアスは「みずがめ座」、フェニックスは「ほうおう座」、デルフィヌスは「いるか座」と、装置名も星座で揃えてあります。

## 日本初の月面着陸を狙う「オモテナシ」

もう1つのキューブサットであるオモテナシ（OMOTENASHI）は、「Outstanding MOon exploration TEchnologies demonstrated by NAno Semi-Hard Impactor」、直訳すると「超

小型のセミハード衝突機による革新的な月探査技術の実証機」の語呂合わせです。おもてなしという名前とは裏腹に、こちらは月面になかば衝突するような形で着陸する、野心的な探査機となります。開発をしたのはＪＡＸＡの宇宙科学研究所（宇宙研）です。

大気を持たない月の表面に着陸する際には、大気圧による減速ができないため、推力を細かく調整できるエンジンを使って軟着陸（ソフトランディング）を行なうのが一般的です。しかしそうしたエンジンは小型化が難しく、キューブサットには搭載できません。

そこでオモテナシでは、小型化が可能な固体燃料ロケットを逆噴射して減速し、機体の一部だけを着陸させることを狙います。オモテナシが月面に着陸する時の速度は秒速50メートルほど、時速換算で１８０キロメートル、着陸時の衝撃は最大で約1万Gにも達します。これは軟着陸とはほど遠く、半硬着陸（セミ・ハードランディング）と呼んでいますが、実際にはほぼ衝突と同じです。ただし、着陸時の衝撃をアルミのクラッシャブル材（衝突時につぶれる）で吸収したり、機器の周囲をエポキシ樹脂（プラスチックの一種）で固めることで、機器をある程度は守ることができます。これが成功すれば、月面への物資の輸送方法に応用することが期待できます。

オモテナシが見事に月面へのセミ・ハードランディングに成功すれば、これは世界最小

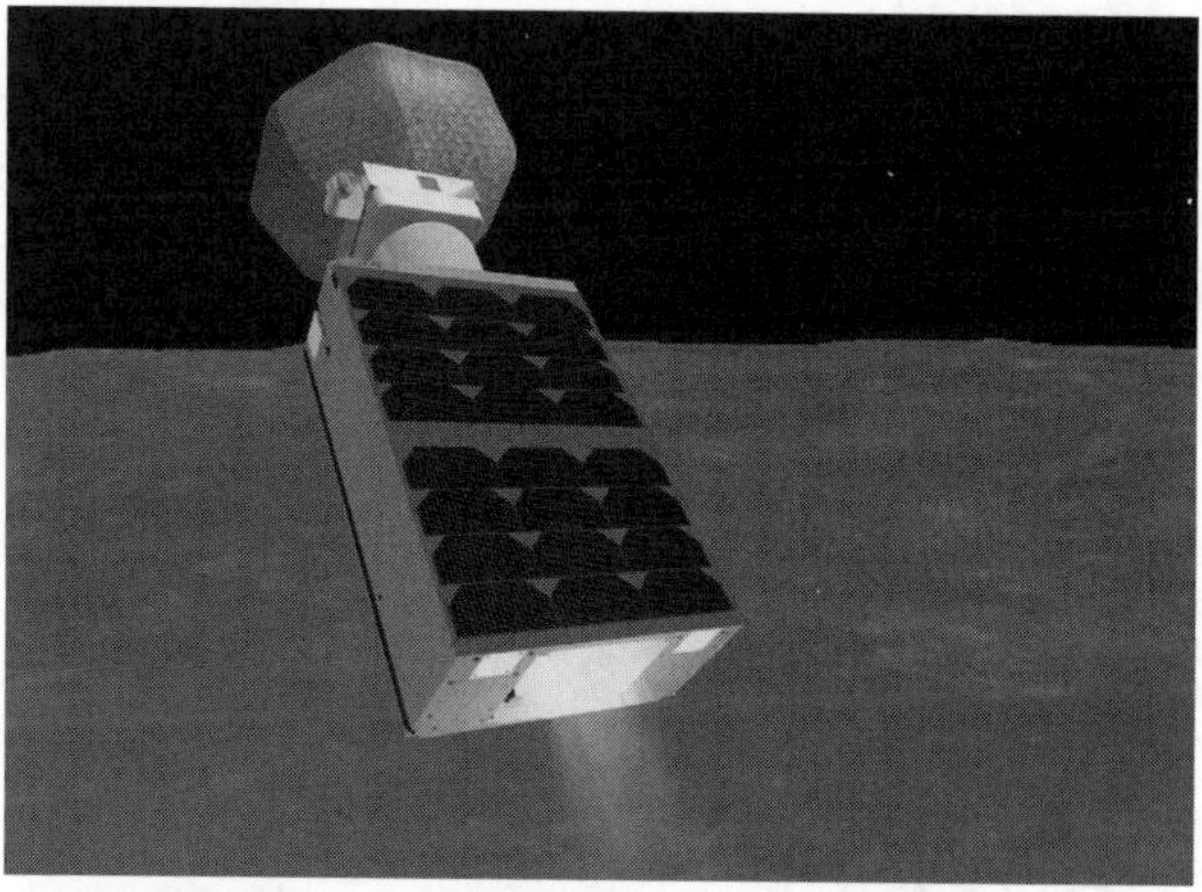

超小型探査機「オモテナシ(OMOTENASHI)」の月面着陸想像図。(JAXA)

の月着陸機であり、同時に日本の物体が初めて月面に届いたことになります。これまでも「ひてん」や「かぐや」などの日本の月探査機(周回機)を月面に制御落下(運用を終えた探査機などを所定の位置に落下させること)させていました。ですから正確にいえばそれらがすでに月面にあるのですが、「壊れずにちゃんと月面に届けた」という意味では日本初となるのです。

月面着陸を果たせば、オモテナシの最大のミッションは無事に達成されることになりますが、地球・月周辺の放射線環境測定を行なうため、超小型の放射線モニタを搭載しているので、その計測も行ないます。また着陸後に、オモテナシからアマチュア無線を使ってツイッターを投稿するといったイベントも実施される予定です。

## 日本の民間企業の探査機やローバーもまもなく月へ

アルテミス1のミッションが終了すれば、次のアルテミス2が打ち上げられる2024年まで少し時間が空くな、と思うかもしれません。しかし、「月探査ラッシュ」はじつはここからが本番ともいえます。2022年の秋から冬にかけて、日本の探査機やローバー(探査車)などが続々と月に送り込まれる予定になっているからです。しかもそれらの中には、日本の民間企業が開発したものが複数含まれています。

まず2022年のうちに、日本のロボット・宇宙開発ベンチャーである(株)ダイモンが開発した超小型月面ローバー「YAOKI(ヤオキ)」が月に送られる見込みです。

YAOKIは大きさが縦15センチメートル、横15センチメートル、高さ10センチメートルで、重さは約500グラム。ラグビーボールに似た形をした、手のひらサイズの2輪ロボットです。「七転び八起き」から来ているという名前は、月面の複雑な地形で転倒しても元に戻ることを意味するのと同時に、民間企業で月面探査ビジネスに挑戦する上での、まさに七転び八起きの精神を示しているそうです。

世界最小サイズであり、しかも民間企業が作った初の月面ローバーであるＹＡＯＫＩは、ＮＡＳＡの商業月輸送プログラム「ＣＬＰＳ（Commercial Lunar Payload Services）」の最初のプログラムで月に運ばれます。ＣＬＰＳは、ＮＡＳＡが民間の月輸送船を借り切って、月に物資を運ぶというプログラムです。打ち上げにはアメリカのユナイテッド・ローンチ・アライアンス（ロッキード・マーティン社とボーイング社の合弁事業）の新型の大型ロケット「ヴァルカン」が、月への着陸にはアメリカの宇宙ベンチャー企業であるアストロボティック・テクノロジー社が開発した着陸機「ペレグリン」が使われます。

そしてＹＡＯＫＩと同じく２０２２年のうちに（早ければ11月）、日本の宇宙開発スタートアップ企業（イノベーションを起こして新たなビジネスモデルを構築し、急成長する企業）であるアイスペース（ispace）社が「ＨＡＫＵＴＯ（ハクト）－Ｒ ミッション１」を打ち上げる見込みです。打ち上げには、スペースＸ社の商業用打ち上げロケット「ファルコン９」が使われます。燃料を節約できる軌道で月に向かうため、月への到着には打ち上げから数ヵ月かかります。

ＨＡＫＵＴＯ－Ｒは、アイスペース社が進める民間独自の月面探査プログラムです。独自の月着陸機と月面ローバーを開発して、２０２２年に月面着陸、２０２４年に月面探査の2回のミッションを行なうことが発表されています。2022年の「ミッション1」の月着陸機には、JAXAの変形2軸ローバー、UAE（アラブ首長国連邦）の4輪ローバーなどが搭載され、月に降ろされます。無事に月面を走り出せば、それぞれ日本初とアラブ初の月面ローバーになります。アイスペース社独自のローバーは、2024年の「ミッション2」で月に送られる予定です。

民間のロケットで打ち上げられ、民間の着陸機で月に降り立ち、民間のローバーが月面を走行して月探査や開発を行なう——そんな時代がいよいよ到来するのです。

## 月へのピンポイント着陸を目指す日本の「SLIM」

一方、JAXAは2023年度（2022年度中が目指されていたが、9月に延期が決定）に、小型月着陸実証機「SLIM（スリム）」を打ち上げます。JAXAの宇宙研のメンバーを中心として、全国の大学等の研究者が集まって開発されたのがSLIMです。その名前は「Smart Lander for Investigating Moon」の頭文字を取ったもので、直訳すると「月探査のための高性能な着陸機」となります。重さ200キログラムほどのコンパクトな月着陸機です。HAKUTO-Rとどちらが先になるかわかりませんが、SLIMのほうが

月面に着陸した「SLIM」の想像図。(JAXA)

日本初の月着陸機になる可能性もあります。

　これまでの月探査機は、目標とする地点から誤差数キロメートル以上という「だいたいこの辺り」といった範囲での着陸しかできませんでした。一方、ＳＬＩＭは月の狙った地点へピンポイントで着陸する、具体的には誤差１００メートルの範囲で降りることを目指しています。搭載したカメラの画像を見ながら、ＳＬＩＭ自身が自律的に判断して目標地点に近づき、降りる場所に岩などの障害物があればそれを自分で避けて着陸するしくみになっています。

　ＳＬＩＭの着陸地点は、月の「神酒《みき》の海」と呼ばれる場所の中にある「ＳＨＩＯＬＩ（シオリ）」と名づけられた、大きさ２７０メートルほどのクレーターの近くです。ここは月の表面がえぐられて、内部の地層がむき出しになっている可能性があります。これを調べて、月の誕生や形成の謎に迫るという科学調査を行なうこともＳＬＩＭのミッションの１つです。

クレーターの近くである着陸地点は、ゆるやかな斜面になっていて、着陸時にＳＬＩＭが転倒してしまう恐れがあります。そこでＳＬＩＭは「２段階着陸方式」をとります。これは簡単にいうと、最初からわざと転んで着地するような方式で、まさに逆転の発想です。

またＳＬＩＭには、２台の小型ローバー「ＬＥＶ（Lunar Excursion Vehicle）」も搭載されています。中央大学、東京農工大学、和歌山大学などが開発した「ＬＥＶ‐１」は、バネの力で月面をジャンプして移動します。重力が地球の６分の１しかない月面では、１回で３メートルほど跳躍できるとのことです。一方、玩具メーカーのタカラトミーやソニーグループ、同志社大学が開発に参加した「ＬＥＶ‐２」（愛称は「ＳＯＲＡ‐Ｑ：ソラキュー」）は、直径約８センチメートルのボールから２輪型ローバーへ変形するという、これまたユニークなものです。「トランスフォーマー」などの変形ロボットの玩具を作っているタカラトミーのアイデアが活かされています。ＬＥＶ‐２はアイスペース社のＨＡＫＵＴＯ‐Ｒミッション１にも搭載されます。

## 紆余曲折を経てきたアルテミス計画

ここからは、アルテミス計画の話に戻りましょう。

いよいよ1号機を打ち上げようとするアルテミス計画ですが、ここまで来るのには紆余《うよ》曲折《きょくせつ》がありました。なぜアメリカ（を中心とした国々）は、月面に再び人類を送るアルテミス計画を始めたのか。そしてアルテミス計画は今後どのように進められ、最終的に何を実現しようとしているのか。これらの答えは、じつはアルテミス計画の歴史をひもとくことで見えてくるのです。

アルテミス計画をアメリカが打ち出したのは２０１７年のことでした。アメリカのトランプ大統領（当時）が、有人月探査計画であるアルテミス計画を承認する宇宙政策指令書に署名して、計画はスタートしました。１９６０年代から70年代初めに実施されたアポロ計画以降、無人探査機しか訪れていなかった月に、もう一度人類を戻そうというのがアルテミス計画です。

アメリカはアポロ計画以降、月探査についてはあまり積極的ではありませんでした。１９９０年代には月に向けて科学探査機を2機（クレメンタイン、ルナープロスペクター）打ち上げましたが、ともに小型の無人探査機で、国家的プロジェクトとはいえないものでした。ただし、この2機の探査により、月の極地域《きょくちいき》に水があるらしいことが発見され、月探査に再び注目が集まるきっかけとなりました。

21世紀に入ると、アメリカのブッシュ（ジョージ・W・ブッシュ）政権（ともに大統領となったブッシュ父子のうち、子のほうの政権）は有人月探査計画「コンステレーション計画」を打ち出しました。ロケットと有人宇宙船を新たに開発し、人間を再び月に送り込む計画でした。しかし、予算とスケジュールの超過が問題視され、次のオバマ政権時代に中止に追い込まれました。

そのオバマ政権が新たに打ち出したのは、「小惑星に人類を送り込む」という計画でした。小惑星は太陽系内に無数に存在する小天体です。日本の小惑星探査機「はやぶさ」や「はやぶさ2」が小惑星イトカワとリュウグウをそれぞれ訪れて、サンプル（砂）を持ち帰ったことはよくご存じでしょう。

ただし小惑星のほとんどは、月よりずっと遠い場所にあります。そこにいきなり有人宇宙船を送るのは難しいので、別の方法が考えられました。まず、無人探査機が小惑星を丸ごと「袋詰め」にする、あるいは、小惑星の表面から大きな岩石を採取します。これを地球と月の間の地点まで持ってきます。そして地球から有人宇宙船で宇宙飛行士を送り込み、小惑星とドッキングして探査し、一部のサンプルを地球に持ち帰るのです。私はこの大胆な計画を「小惑星お持ち帰り計画」とよく呼んでいましたが、正式な名前は「アーム（ARM：Asteroid Redirect Mission）」といいます。

このアーム計画の中で、月の上空に宇宙ステーションを新たに建設し、これを小惑星探査の基地とするというアイデアが登場しました。将来、月探査や火星探査などを行なう際の中継基地としても利用するもので、「深宇宙《しんうちゅう》ゲートウェイ」と名づけられました。宇宙探査における深宇宙とは「月より遠い宇宙」のことを指します。

ところが、アーム計画も技術的に無理があり、お金も時間もかかりすぎるとの批判が多く、一向に進みませんでした。結局、次のトランプ政権になって中止が決まってしまいました。そしてトランプ政権が新たに発表したのが、コンステレーション計画に似た有人月探査計画であるアルテミス計画だったのです。

## 生き残った「ゲートウェイ」

アーム計画は頓挫しましたが、一方で月上空に新たな宇宙基地を作ろうという計画は、アルテミス計画においても生き残りました。地球からオライオンで宇宙ステーション「ゲートウェイ」(「深宇宙」の文字が取れて、単にゲートウェイになりました)に宇宙飛行士を運び、そこで月着陸船に乗り換えて、月面に降りるということになったのです。しかし、2022年頃から始まる予定だったゲートウェイの建設も大幅に遅れ、まだ始まっていません。

アポロ計画では、アポロ宇宙船は司令・機械船と月着陸船とで構成されていました。月軌道上に送られたアポロ宇宙船から月着陸船(宇宙飛行士2名が搭乗)が分離されて月に降り、司令・機械船(宇宙飛行士1名が搭乗)は軌道上に残りました。月探査が終わると月着陸船の上段だけがエンジンを噴かして上昇し(下段は月面に放置)、軌道上の司令・機械船とドッキングして、地球に帰還するという方式でした。

これに対して、アルテミス計画のオライオンには、月面に着陸するしくみがありません。オライオンはゲートウェイへの人や荷物の輸送手段として考えられているからです。

そこでアルテミス3では、前もって月軌道上にヒューマン・ランディング・システム(HLS:有人着陸システム)という月着陸船が投入されることになっています。宇宙飛行士を乗せたオライオンは、月軌道上でHLSとドッキングして、2人の宇宙飛行士がHLSに移動します。そしてHLSが月面に着陸するのです。

このHLSには、民間の宇宙企業であるスペースX社が開発中の有人宇宙船「スターシ

スペースX社の有人宇宙船「スターシップ」(HLS仕様)が月面に降り立った様子を描いた想像図。(SpaceX)

ップ」が選定されています。民間企業が作った宇宙船で人類が月に降り立つというのも、初の偉業となります。

## アルテミス計画が中止になる可能性は？

先ほど述べたように、アメリカは政権が代わるごとに、前政権が作った宇宙政策がひっくり返され、中止になることが近年続いています。その結果、宇宙探査・宇宙開発におけるアメリカの実力や地位は大幅に低下することになりました。

アメリカの共和党・民主党の2大政党のうち、共和党はこの30年ほどは「月好き」で、月に行きたがっています。ブッシュ政権もトランプ政権も共和党であり、有人月探査を計画したわけです。一方、民主党は宇宙探査に関して目的地はバラバラであり、そもそも宇宙計画についてあまり熱心ではないという傾向があります。

さて、現在のバイデン政権は民主党です。だとすると今後、共和党の前政権が決めたアルテミス計画を中止するような可能性はあるのでしょうか。

バイデン大統領は今のところ、アルテミス計画をどうするのかについて、具体的な声明を出していません。さらに、バイデン政権としての宇宙政策もまだ打ち出していません。アメリカは政権が代わると、その1~3年後くらいに新しい宇宙政策が発表されることが多いのです。バイデン大統領は2021年からの政権ですから、この後、新たな宇宙政策を発表する可能性があり、そこでアルテミス計画についても何らかの方針やスケジュールの変更が示されるかもしれません。

以下は、日本や世界の宇宙政策を長く見てきた私の、個人的な「勘」での話になります。アメリカの新たな宇宙政策の発表は、何らかの宇宙探査が成功した後、それをマイルストーンとするようなタイミングで行なわれることがあります。たとえばブッシュ政権が新たな宇宙政策を発表したのは、アメリカの火星探査機が火星着陸に成功した後のことでした。同じようにバイデン政権は、今回のアルテミス1がうまくいけば、その1~2ヵ月後のタイミングで何か出してくるのではないか、という予想ができます。前政権からのレガシーといえるアルテミス計画の第一歩を成功させた、1つ片付けたという時点で、満《まん》を持《じ》して新政権の宇宙政策を発表する、といったことが考えられるのです。さらに、2022年はアメリカの中間選挙の年であり、11月の選挙で下院の全議席、上院の3分の1の議席が改選されます。そこで10月あたりに新たな宇宙政策を打ち出せば、バイデン政権の実績としてアピールできることになります。

ただし、これも個人的な読みとなりますが、バイデン政権でもアルテミス計画はおそらく継続となるだろうと予想します。アルテミス1の打ち上げまで来たものをオシャカにして、たとえばオバマ政権で考えたような小惑星捕獲計画に戻るというようなことは、さすがにないだろうと思うのです。

こう考える理由の1つは、アルテミス計画がアメリカ単独の宇宙政策ではなく、国際協力による計画になっている点にあります。しかもこの計画は、単なる宇宙探査・宇宙開発の政策の1つではなく、欧米や日本など「自由主義陣営」の安全保障政策の象徴的な存在に少しずつ変わってきたからです。

## 安倍元首相が表明したアルテミス計画への日本の参加

もともとアルテミス計画が2017年に発表された当初は、アメリカ1国の計画として進められていました。「アメリカ・ファースト」を掲《かか》げるトランプ大統領は、アメリカの力を示すために、アメリカ単独で行なうという考えを持っていたのです。しかしその方針が途中から軌道修正され、日本などを含めた国際共同計画として進められるようになりました。

2019年5月、トランプ大統領が来日して安倍晋三《あべしんぞう》首相（当時）と会談した際に、安倍首相はアルテミス計画などのアメリカの有人宇宙探査・開発計画に日本が参加することをいち早く表明しました。

従来、こうした宇宙計画について、政権のトップが直接決めるということは、日本ではありませんでした。たとえばJAXAの理事長がNASAの長官と会談して、アメリカの宇宙計画に日本も参加したいと表明する、というのであればよくわかります。しかし大統領と首相という国のリーダーが会った時に、宇宙計画の話題が出てくるというのは、日本では非常に珍しいことでした。

そして同年10月、日本政府の方針としてアルテミス計画に参画することが正式に決まりました。その際に、安倍首相が投稿したツイートには、非常に興味深く、重要な言葉が書かれていました。

「日本も、いよいよ、月探査・宇宙開発に向けて新たな1ページを開きます。火星なども視野に入れ、月を周回する宇宙ステーションの整備、月面での有人探査などを目指す、米国の新たな挑戦に、強い絆《きずな》で結ばれた同盟国として、参画する方針を本日、決定いたしました。」（2019年10月18日付ツイート）

「強い絆で結ばれた同盟国」という言葉が示すものは、日米同盟という安全保障・協力体制がまずあり、これが日本の基軸であるということです。だから、アメリカの宇宙に関する挑戦に対して日本としても支援する、という流れになっています。日米同盟が先にあって、その後に月探査がやって来る、という考え方です。これは、従来の日本の宇宙開発の関わり方とまったく違うことです。

## アルテミス合意に署名した国々

さらにアメリカは、一種の「踏み絵」のようなものを各国に対して示しています。それは「アルテミス合意」と呼ばれるものです。英語では「アルテミス・アコーズ（Artemis

Accords)」なので、訳としては「アルテミス協定」のほうが正しいように思いますが、一般には「合意」と呼ばれています。

　これは、アメリカがアルテミス計画に参加する国に対して、遵守してほしい事項をまとめた規定のようなものです。実際にはNASAが定めていて、アルテミス計画に加わろうとする国が署名する形になっています。その内容は、たとえば、かつてアポロ宇宙船が着陸した歴史的な地点を荒らさないとか、宇宙資源はみんなのために使う、スペースデブリ（宇宙ゴミ）を減らそうといったもので、それほど大したものではありません。

　注目すべきは、これに署名している国です。2020年10月に署名した最初の8ヵ国は、アメリカは当然として、日本、カナダ、イギリス、イタリア、オーストラリア、ルクセンブルク、UAEです。これらは全部、アメリカの強力な同盟国です。そして翌11月、ウクライナが署名します。航空宇宙分野に関してウクライナは実績があるので、わからないではありませんが、やや唐突な感じは否《いな》めません。そして2021年5月に韓国、6月にニュージーランドで、これも安全保障関係の国です。その後も加盟国は増え、2022年8月末時点で21ヵ国に達しています。このようにアメリカは、かなり戦略的に自分の同盟国をこのアルテミス合意で囲い込んでいるといえます。その意味で、アルテミス計画に参加を表明するかどうかが踏み絵の役割を果たしているのです。

このようにアルテミス計画が安全保障という政治的な意味合いも帯びているのは、近年になって宇宙開発を含めた科学技術の面で急速に力をつけてきている中国への対抗の意味合いが大きいといわれています。

中国は2007年に初の月探査機「嫦娥《じょうが》1号」を打ち上げてから、これまでに5回にわたって月面着陸に成功し、月探査における存在感を着実に高めています。ある意味、アメリカよりも月探査に関しては経験を積んでいるともいえるでしょう。また現在、中国独自の宇宙ステーション「天宮《てんきゅう》」を建設中であり、さらには2030年頃をめどにロシアと共同で月面基地を構築するともいわれています。

このような中国の技術覇権、宇宙における存在感増大に「待った」をかける意味合いが、アルテミス計画に込められていると考えられます。

## アルテミス計画の今後と日本の役割

アルテミス計画は今後、順調であれば2024年にアルテミス2、2025年にアルテミス3を打ち上げるスケジュールになっているとお話ししました。ただし、アルテミス計画はこれまでも散々遅れてきましたので、このスケジュール通りに進むかどうかはわかりません。

たとえば半世紀ぶりの人類月再上陸を目指すアルテミス3では、月着陸船としてスペースX社が開発中の有人宇宙船スターシップが使われることになっています。スターシップは現在、猛烈な勢いで地上実験や高度約10キロメートルまでの飛行・着陸試験を行なっています。しかし、爆発を繰り返すなどしていて、地球周回軌道への打ち上げテストもまだ実施できていません。果たしてわずか3年後に、安全な有人宇宙飛行を実現できるのか、予断を許さないでしょう。スターシップの安全性が確保できなければ、アルテミス3のスケジュールは遅れていくことになります。

じつはアルテミス3による有人月探査は、当初は2024年に行なわれる予定になっていました。これは当時のトランプ大統領が、自分の2期目の大統領の任期内に実現して、自らのレガシーにしようとしたための、相当に無理をした計画だったのです。したがって実際には後ろ倒しのスケジュールになる可能性は十分あるでしょう。

なお、アルテミス3で宇宙飛行士が着陸するのは月の南極域とされ、13ヵ所の候補地点が発表されています。月の南極域にはクレーターが多くあり、クレーターの縁の内側には

1年中日光が当たらない場所（永久影《えいきゅうかげ》）が存在します。そこには水が氷の状態で存在していると考えられていて、そうした場所を探査することが目的です。将来の月探査や月基地の建設において、月面で水を確保することは非常に重要です。飲み水としての利用はもちろん、太陽光発電で得た電気で水を電気分解すれば、酸素を作り出すこともできるからです。

その先のアルテミス4からは、ゲートウェイの建設が始まるといわれています。ゲートウェイのモジュールをオライオン宇宙船で運び、組み立てを行なっていくのです。ただしこうした予定も、今後どうなっていくのかは予想しづらいです。

こうした中、アルテミス合意に署名している日本も、さまざまな形で計画に協力していくことになります。たとえば、ゲートウェイにおける水循環装置などの生命維持システムを開発・提供したり、ゲートウェイへ物資を輸送するための深宇宙補給技術の実証を進めることなどに取り組みます。また、JAXAはトヨタと協力して「ルナクルーザー」という愛称の有人与圧ローバー（車両内部を人に適した気圧に保った月面探査車）の開発を進めています。さらにJAXAは、アルテミス計画に参加する日本人宇宙飛行士を育成するために、13年ぶりに宇宙飛行士の募集を行ないました。今後も5年ごとに定期募集を行なっていく予定です。

## 日本人宇宙飛行士が月面に降り立つのはいつ？

２０２２年5月、アメリカのバイデン大統領が来日して、岸田首相と首脳会談を行ないました。その中で、将来、アルテミス計画に日本人宇宙飛行士が参加し、月面着陸を行なうことについて「お互いの意思を確認」したことが、アメリカ側が明らかにした文書の中で示されました。前年の２０２１年12月には、岸田首相が宇宙開発戦略本部の後で、日本もアルテミス計画を推進し、２０２０年代後半には日本人宇宙飛行士の月面着陸の実現を図ることを表明していました。

では、日本人宇宙飛行士が月面に降り立つのは、いつになるのでしょうか。

半世紀ぶりの有人月探査となるアルテミス3には、アメリカ国籍の宇宙飛行士が乗るでしょう。その後もアルテミス計画が順調に進み、月への有人飛行が現在の国際宇宙ステーションへの有人飛行並み、つまり半年に一度といったサイクルで実施されるようになれば、その2回目か3回目あたりには日本人宇宙飛行士にチャンスが回ってくるだろうと思います。それは２０２６年や２０２７年頃かもしれません。

ただし、アルテミス計画自体が現時点でも遅れ気味であることを考えると、実現はもっと先になり、早くても２０２８年や２０２９年になるのではないか、と私は考えます。

日本人が月面に足跡を残せば、それはアメリカ人以外で初めての快挙となります。これは安倍元首相のツイートにもある「強い絆で結ばれた同盟国」であるがゆえに実現できるものなのです。岸田首相も経済安全保障を非常に重視していて、その主戦場の1つが宇宙開発です。したがって岸田政権が掲げる経済対策の中にも宇宙開発は織り込まれているし、宇宙開発という枠を超えた経済発展のためのアルテミス計画という考え方となりますので、そのためにも日本人の月面着陸は是が非でも実現したいのです。

一方でアメリカも、日本が自由主義陣営の一員であること、中国やロシアといった強権主義の国とは異なり、自由、民主主義、人権、法の支配といった同じ基本的価値観を共有する国であることを世界に見せる必要があると理解しています。だからこそ「アメリカ人以外で初」という月面着陸の栄誉を日本に約束してくれるのです。

このように、アルテミス計画はこれまで日本が行なってきた宇宙探査・宇宙開発とは異なるものであり、科学技術の分野の話だけではない、政治や経済、国際問題の視点が多分に入ってくるものです。それにもかかわらず、ニュースなどでは「人類が半世紀ぶりに月へ！」とか「日本人宇宙飛行士も２０２０年代後半に！」といった話題だけでさらっと流されている点は、非常に気になるところです。

## アルテミス計画にかかる費用は？

　また、日本は今後、アルテミス計画に対して年間どれくらいの費用をつぎこんでいくつもりなのか、あるいはアルテミス計画の実現にはどのくらいの費用が必要と考えられるのか、といったことに関して、政府は公式な発表を一切していません。これも大きな問題があると私は考えます。

　アルテミス計画の実現には、現在の国際宇宙ステーションの建造と維持に費やしてきた金額のレベルでは足りないかもしれません。一方で、アルテミス計画には民間企業も参画していて、彼らもある程度お金を出しますので、その分だけ国家予算を投じる額は減るでしょう。それでも、ざっとした感覚での額になりますが、日本の負担分だけで数千億円台、たとえば７０００億円や８０００億円といった規模の予算を投じる必要はあるでしょう。それを10年で支出するとすれば、1年に７００億円から８００億円といった数字になります。

　現在、ＪＡＸＡの予算（当初予算）は、年間１５００億円程度です。ちなみにＮＡＳＡの予算は年間約2兆円ですから、ＪＡＸＡと1桁違います。現在の国際宇宙ステーションにかかる費用や、新型のＨ３ロケットの開発、その他の探査ミッション、そして地球観測衛星の開発など、ＪＡＸＡの予算はさまざまなことに使われています。その半分もの額を、いきなりアルテミス計画に回すとなれば、すさまじい決心が必要です。２０２２年度は、アルテミス計画関係の予算として約４００億円が計上されています。この額は今後、もっと増えていくことでしょう。

なお、ＪＡＸＡの予算に関しては、近年は補正予算で大幅に上乗せされる傾向が目立っています。２０１９年度までは３００億円程度の補正予算額が、２０２０年度は約５７０億円、２０２１年度は約６８０億円と急増しています。

また、ＪＡＸＡを含めた、各省庁の宇宙関係予算の合計額（当初予算＋前年度補正予算）は、２０２０年度は約３６５０億円（当初３０００億円＋補正６５０億円）で、それまでの10年以上、３０００億円台を維持していました。それが２０２１年度は約４５００億円（当初３４００億円＋補正１１００億円）、２０２２年度は約５２００億円（当初３９００億円＋補正１３００億円）と急増しています。当初予算も増えていますが、やはり補正予算も大きく増えています。

しかし２０２０年10月、東京新聞が「コロナ便乗⁉ 宇宙関連予算5割増で要求」というタイトルの記事を掲載しました。新型コロナ対策でついた補正予算を、たとえば「無人の宇宙補給機を動かす技術は工場の自動化に取り入れられるので、人と人の接触を減らす感染防止策に役立つ」などとして、無理やり宇宙関係予算に回していることが指摘されました。

月探査に長年関わってきた者として、日本も参加する有人月探査が実現することは、非常にうれしいです。しかし国民に対する丁寧な説明もなく、どんどん突っ走っても、けっして良いことにはなりません。日本人宇宙飛行士が月に1回行けばそれで終わりという話ではなく、その後何回も継続的に行き、最終的には月面基地を作るという、長期のプロジェクトをこれから行なうのです。それをある意味強引なやり方で予算を増やしていくことには、私としては大きな問題意識を持っています。

また私たち国民も、自分たちの税金が投入されるのですから、それがどのように使われるのか、アルテミス計画や宇宙関係の政策にこれだけのお金を投じる必要があるのかを、きちんとチェックすることがとても大事です。そうした際に、本書でお話しする内容がお役に立つのであれば、日本人が月面に立つことと同じくらい、私にとってうれしいことなのです。

# 第2章

# 世界の宇宙探査・開発の歴史

### 宇宙開発競争の始まりとなった「スプートニク・ショック」

１９５７年10月4日、ソ連（現ロシア）は人工衛星「スプートニク1号」を搭載したロケットを打ち上げ、世界で初めて人工衛星を地球周回軌道に送り込むことに成功しました。これが宇宙開発の始まりであり、１９５０年代末から１９６０年代にかけて行なわれた米ソ両国による激しい宇宙開発競争の始まりでした。

その時代背景として「東西冷戦」という、核戦争を想定した激しい軍事力等の競争があったことは、多くの方がご存じでしょう。第2次世界大戦が終わった後、アメリカを中心とする「西側」＝自由主義諸国と、ソ連を中心とする「東側」＝社会主義諸国による政治・軍事・経済的な対立が東西冷戦です。東西両陣営のリーダーだったアメリカとソ連は、互いの軍事的な優位を決定づけるため、核爆弾を輸送する手段であるロケット開発に、そしてそのデモンストレーションとしての宇宙開発に力を注いだのです。

そうした中、ソ連が一歩先んじて人工衛星を打ち上げたことは、当時のソ連が軍事力やそれを支える科学技術力においてアメリカに勝っていることを示すものになりました。それまで自国が世界一の科学技術大国・軍事大国であることを信じて疑わなかった多くのアメリカ人にとって、これは青天《せいてん》の霹靂《へきれき》の出来事であり、「スプートニク・ショック」と呼

「スプートニク1号」のレプリカ。直径58cmの球体にアンテナがついている。(NASA)

ばれました。

とはいえ、アメリカがソ連にまったく遅れをとっていたわけではありません。アメリカは1958年1月31日、スプートニクから遅れること約4ヵ月後に、アメリカとして初めてとなる人工衛星「エクスプローラー1号」の打ち上げに成功しました。しかしその後も、アメリカは連続してロケット打ち上げに失敗するなど、問題が続きました。

焦《あせ》ったアメリカは、宇宙開発に関する研究体制や組織の見直しに着手します。それまで宇宙開発を行なう研究機関は、陸海空軍それぞれや各大学などにバラバラに存在し、独自に活動していました。そこでまず、第1次世界大戦中の1915年に設立されたアメリカ航空諮問委員会（NACA：ナカ）が、アメリカの航空宇宙開発全体について助言を行なうようになります。さらに助言だけではダメだということで、バラバラだった研究組織を1つに統合することを決意します。

こうして1958年7月、当時のアイゼンハワー大統領が国家航空宇宙決議に署名して設立されたのが、アメリカ航空宇宙局（NASA）です。

NACAが有する8000人の人員や1億ドルの予算、そしてラングレー航空研究所やエイムズ航空研究所、ルイス飛行推進研究所という主要な研究施設や実験施設などが、そのままNASAに吸収されました。また「アメリカ宇宙開発の父」と呼ばれるロケット工学者のフォン・ブラウン博士が所属していた陸軍弾道ミサイル局や海軍調査研究所、空軍および国防高等研究計画局が行なっていた研究など、軍関係の研究組織も軒並みNASAに引き継がれました。同年12月には、カリフォルニア工科大学が運営するジェット推進研究所も指揮下に入ったのです。こうして見ると、それまでいかに各組織がバラバラに宇宙に関する研究を行なっていたかがわかります。

## 有人宇宙飛行もソ連が先んじる

　このようにアメリカは態勢を立て直して、ソ連に対抗する形を取りましたが、その成果がすぐに出たわけではありません。

　1961年4月12日、有人宇宙船ボストーク1号に乗ったソ連の軍人・パイロットのユーリイ・ガガーリンは、人類で初めて地球軌道を周回することに成功しました。人類初の宇宙飛行士となったガガーリンの「地球は青かった」という言葉はあまりに有名です。人間を宇宙空間に送る「有人宇宙飛行」についても、やはりソ連が先に成功させたのです。

　今でこそ高度情報化社会であり、私たちはたいていの国の情報はインターネットなどを通じてすぐに得ることができます。しかし今から60年前にはそうしたものはなく、ソ連の宇宙開発の状況は非常に謎めいたものでした。現在どこまで計画が進んでいるのかまったくわからず、ある朝起きてみると、人類初の宇宙飛行に成功したことをソ連が高らかに報じている、ということが起こっていたのです。ソ連からいつ核爆弾を積んだミサイルが撃ち込まれるかもしれないという状況において、それがアメリカ人にとってどれだけショックなニュースであり、焦りを生んだのかが容易に想像できます。

　その1ヵ月足らず後の1961年5月5日、「マーキュリー3号」に乗ったアラン・シエパード宇宙飛行士が、アメリカ人として初めて宇宙飛行を行ないました。このようにアメリカも何とか食らいついていたものの、わずかな差とはいえ、ソ連が宇宙開発において常に一歩先んじていました。そして巧《たく》みなプロパガンダで自分たちの優位性を誇示するという状況が続いていたのです。

## 月の有人探査競争のスタート

人工衛星打ち上げや有人宇宙探査といった、宇宙開発における「人類初」となる歴史的偉業について、ソ連に先を越され続けたアメリカは、是が非でもこれらを上回る計画を実行したいと考えました。

そこでアラン・シェパードによるアメリカ人初の宇宙飛行が成功した直後の1961年5月25日、当時のケネディ大統領がアメリカ上下両院合同議会で、歴史的な演説を行ないました。それは「今後10年以内に、アメリカは人間を月に着陸させて、無事に帰還させる」というもの。これが、かの有名なアポロ計画の号砲となったのです。

ただしこの時、アメリカには月に人間を送ることができるロケットも、宇宙船も、さらにいえばそれらの開発技術も存在していませんでした。しかし、宇宙開発分野で圧倒的に遅れていたアメリカがソ連に追いつき、逆転するためには、乾坤一擲《けんこんいってき》の大目標として「月の有人探査」を掲げざるを得なかったのです。

その月探査（無人探査）も、アメリカは常にソ連の後塵《こうじん》を拝していました。初めて月に到達した探査機はソ連の無人探査機ルナ1号で、1959年1月のことです。もともとは月に接近し、月面に衝突させる予定でしたが、ぶつからずに月を通り過ぎる形になりました。同年9月のルナ2号は月面衝突に成功し、世界で初めて人工物を月に送り込むことに成功しました。さらに同年10月、ルナ3号は初めて月の裏側の撮影に成功しました。月は地球に対して常に同じ面（月の表側）を向けているため、無人探査機が接近して撮影するまで、人類は月の裏側を見たことがなかったのです。

じつは月に向けて探査機を最初に打ち上げたのはアメリカのほうが先で、1958年8月のパイオニア0号でした。しかし打ち上げ直後にロケットが爆発して失敗。以降も打ち上げの失敗などが相次ぎ、ようやく月に到達（月の近くを通過）したのは1959年3月のパイオニア4号でした。

## アポロ計画にアメリカが国力のすべてを注いだ理由

人間を初めて月に送り込み、無事に帰還させるというアポロ計画を実現するために、アメリカは文字通り国力のすべてを注ぎ込みました。それは国・政府機関だけでなく、民間企業も含めて、まさにアメリカの総力を集結したプロジェクトでした。アポロ計画に携わった人員はピーク時に40万人にも達し、投じられた予算はＮＡＳＡの報告によると現在の貨幣価値で約８兆円とのことですが、総額30兆円にのぼるという推定もあります。

８兆円にしろ30兆円にしろ、これだけの巨額を、何かの生産性に直接結び付くようなことにではなく、あるいはインフラの整備や社会福祉の充実などにでもなく、ただただ人間を月に送り込むという計画のために投じるというのは、今から考えると信じがたいことです。しかし当時の米ソ冷戦という状況を考えると、アメリカとしてはアポロ計画のようなビッグプロジェクトを打ち出して、ソ連との有人月探査競争に勝利し、アメリカと自由主義陣営の技術的優位性を証明するしかなかったのだと思います。

そしてソ連も、やはり有人月探査計画を推進していました。人工衛星スプートニクや有人宇宙船ボストークを開発したソ連の技術者セルゲイ・コロリョフは、月に人間を運べる有人宇宙船ソユーズや打ち上げ用のＮ－１ロケットの建造を進めていたのです。しかし１

966年、そのコロリョフが急死してしまいます。アメリカのフォン・ブラウンと双璧をなした偉大な指導者を失ったこともあって、1969年にN－1ロケットは打ち上げに失敗し、そこでソ連の有人月探査計画は頓挫《とんざ》することになりました。

しかしこれらの情報は、1991年にソ連が崩壊するまで隠されていたことであり、アメリカにとってライバルの進捗《しんちょく》状況はまったく不明でした。そのため、スプートニクなどと同じく、ソ連がある日突然、有人月探査を先に成功させて、再び勝利の凱歌《がいか》を上げるかもしれないことをアメリカは恐れていました。

さらに、1961年4月のピッグス湾事件（アメリカがカストロ革命政権の転覆を狙ってキューバに侵攻した事件）や、翌年10月のキューバ危機（ソ連によるキューバへの核ミサイル基地建設計画に対して、アメリカがミサイル搬入を阻止するためにカリブ海で海上封鎖を行なう）など、当時は米ソ・東西両陣営の対立が極限にまで高まり、核戦争勃発の寸前に達していました。こうした緊迫した世界情勢の中、アメリカとしてはそれこそ無制限ともいえるお金や人員を投じて、なりふり構わずアポロ計画を進めるしかなかったのです。

## アポロ計画成功への道のり

さて、アポロ計画があまりに有名なので、当時のアメリカでは宇宙開発に関してこの計画だけが進んでいたと思われがちなのですが、じつはそうではありません。アポロ計画はいわゆるリーディング・プロジェクト（事業全体を進める上で核となり、先導的な役割を果たすプロジェクト）であり、他にもさまざまな宇宙計画があって、それらがすべてアポロ計画の成功に向けて一丸となるように設計されていました。

まず、有人月探査を行なうために、アメリカは「有人」の宇宙開発に力を注ぎます。最初は人間を宇宙へ送る「マーキュリー計画」で、アメリカ初の有人宇宙飛行（1961年5月）に成功したのも、このマーキュリー計画においてでした。続いて行なわれた「ジェミニ計画」では、2人乗りのジェミニ宇宙船を使って地球周回低軌道において、船外活動などアポロ計画において必要となる各種の訓練や技術開発を行ないました。この2つの有人宇宙開発計画で実績を積むことで、アメリカは着実にソ連を追い上げ、追い抜いていったのです。

一方、月への到達にはロケットの開発も必要です。そのためにアメリカは巨大ロケット「サターンV」を開発します。高さ111メートル、総重量3000トンという桁《けた》外れのロケットで、3人の宇宙飛行士を月へ送り込むとともに、帰還に必要となる宇宙船も含めて打ち上げるというプランを立てました。

さらに1960年代初頭は、月についての科学的な理解が圧倒的に不足していました。月の表面や周辺の状態もほとんど理解されていなかったのです。このため、着陸地点の選定や表面の状態などを調べるための無人探査機が次々に打ち上げられました。表面の写真を撮って、最後は探査機が月面に激突する「レインジャー計画」、月面に軟着陸を行なって表面の様子を観測する「サーベイヤー計画」、月を周回しながら表面の様子を調べる「ルナーオービター計画」が実施されました。どれも計画は順調には進まず、多くの失敗を繰り返しながら、それでも1960年代後半にはアポロ計画が実現できる見込みが立ってきたのです。

ところが1967年1月、有人での打ち上げに向けて試験中だったアポロ宇宙船（のちにアポロ1号と命名）が火災事故を起こし、3名の宇宙飛行士が亡くなる悲劇的な事故が発生しました。原因究明の結果、計画を急ぎすぎたがゆえの数多くの技術的な不備や欠陥が指摘されました。また巨大な予算を支出するアポロ計画に対する疑問の声も噴出したのです。

月面を歩くアームストロング船長。(NASA)

しかしNASAは原因を究明した上で対策を綿密に施し、1968年10月、アポロ7号による有人飛行成功（地球を11日間周回し、司令船その他の性能試験を行なう）にこぎつけます。同年12月にはアポロ8号による史上初の有人月周回飛行を実施し、準備は最終段階へと入りました。

1969年3月のアポロ9号（地球を周回し、月着陸船の性能試験および船外活動を行なう）、同年5月のアポロ10号（2度目の月周回飛行。月周回軌道上で月着陸船の性能試験を行ない、月へ高度15・6キロメートルまで接近）にも成功し、熾烈《しれつ》な有人月探査レースにもついにゴールが見えてきました。

そして1969年7月20日（アメリカ時間

で。日本では翌21日）、アポロ11号の着陸船「イーグル」は月面に着陸しました。ニール・アームストロング船長が月面へ第一歩を記し、「これは一人の人間にとっては小さな一歩だが、人類にとっては偉大なる飛躍である」という有名な言葉を述べたことも、多くの方がご存じでしょう。こうしてアメリカは月面に高らかに星条旗を立て、月有人探査競争における勝利を刻んだのです。

## なぜソ連は有人月探査競争に敗れたのか

ただし、ソ連が月探査についてまったく手を出せていなかったかというと、そうではありません。ソ連は「ルナシリーズ」という無人探査機で、月の無人探査については着実に進めていました。その一例として、月の石を地球に持ち帰ったことが挙げられます。アポロ11号は月の石を約22キログラム採取して地球に持ち帰りましたが、これは月の石のサンプルリターンとしては史上初の出来事です。

一方、ソ連は翌１９７０年9月にルナ16号を打ち上げ、月面への着陸に成功しました。ルナ16号は着陸地点付近の土壌１０１グラム（キログラムではない）を採取してカプセルに封入した後、上半分の帰還モジュールだけが月面を離れ、地球にカプセルを送り届けました。無人で月の石を地球に持ち帰ることに成功したのは、ルナ16号が初めてでした。

ちなみにアメリカはアポロ計画で合計382キログラム、ソ連はルナ計画で326グラムの月の石を持ち帰りました。そして近年では、中国が2020年に打ち上げた無人月探査機・嫦娥5号で1731グラムの月の石のサンプルリターンに成功しています。

また、1970年11月に月に送り込んだルナ17号では、世界初の無人月面車（ローバー）「ルノホート1号」を使って月面の調査を行ないました。ルノホートはロシア語で「月面を歩く人」という意味です。アメリカは1971年7月に打ち上げたアポロ15号で、人間が運転する月面車を初めて使用しましたが、月の表面に車を走らせたのはソ連のほうが先でした。

このように、有人月探査には失敗しましたが、けっしてソ連の技術がまったく劣っていたわけではなくて、できることはかなりやっていたといえるものだと思います。ではなぜ、ソ連が有人月探査競争でアメリカに敗れたのかというと、ソ連時代のさまざまな情報はいまだオープンになっていないものが多いこともあって、理由ははっきりとはわかっていません。有人月探査に必要な超大型のN－1ロケットの開発を主導していた天才技術者コロリョフが亡くなった後、ロケット開発のリーダーシップを取れる人が現れなかったとされていて、これが大きく影響したことは十分考えられます。

また、アメリカがアポロ計画を進める過程で、国の総力を挙げて宇宙開発に取り組み、新しい技術をどんどん開発していったのに対して、ソ連では既存技術を広げる方向が取られ、これがうまくいかなかったともいわれています。たとえばソ連では、既存のロケットエンジンを多数束ねることで、比較的容易にロケット全体の推力を増すことができる「クラスターロケット方式」を採用していました。これによって世界初の人工衛星打ち上げや有人宇宙飛行達成に成功してアメリカを凌駕《りょうが》したのですが、N－1ロケットでは1段目に30連ものクラスターロケットを制御する必要があり、これが実現できなかったとされています。

こうした結果、1960年代半ば頃からソ連の宇宙開発力は下がっていき、アメリカに追いつかれ、追い越されていったのです。

## アポロ計画の終了へ

一方でアメリカは、有人月探査競争に勝利するという最大の目標が達成されたので、これ以上の月探査を行なうための大義名分はなくなってしまいました。そこでアポロ12号以降は月の科学調査を名目に有人探査が続けられましたが、巨額の費用をかけてまで探査を継続すべきなのかという議論が、アメリカ国民の中で発生しました。当時、アメリカはベトナム戦争という泥沼の戦争を遂行していて、戦費が膨大なものになっていました。戦争と宇宙探査の両方で税金を湯水のように使うことに対して、アメリカ国民の反発は非常に強かったのです。

そうした中、1970年4月に、3度目の有人月探査を目指して打ち上げられたアポロ13号で爆発事故が発生しました。電力と酸素、水の供給が低下し、宇宙船が機能を失いかける事態に陥《おちい》ったのです。しかし3人の宇宙飛行士は地球の管制センターとやりとりをしながら、月面への着陸はあきらめて軌道修正を行ない、残されたわずかな電力や酸素、水を使いながら月を周回して、かろうじて地球に帰還できたのです。

今日ではアポロ13号の事故を「もっとも成功した失敗」と呼ぶように、宇宙飛行士を深宇宙空間の事故から救って無事に地球に帰還させることができたという意味では画期的であり、危機管理の見本とされています。しかしながら、人間の生命を危険にさらしてまで有人月探査を続けるべきなのか、という議論は当時のアメリカでも当然起こったのです。

こうしたこともあって、本来20号までの計画が予定されていたアポロ計画は、17号で打ち切られることが1970年8月に決まりました。最後のアポロ17号は1972年12月に月を訪れ、それ以来50年間、人類は月に、そして月を含めた他のすべての天体に、足を踏み入れていないのです。

## スペースシャトル計画のスタート

さて、アポロ計画が終了した1970年代前半には、長く続いた米ソ冷戦に一時的な「雪解け」ムードが漂いました。当時「デタント（緊張緩和）」と呼ばれたこの時代には、その象徴として、アメリカのアポロ宇宙船とソ連のソユーズ宇宙船を宇宙でドッキングさせるという計画が持ち上がりました。

この計画は1975年7月に実現され、アポロ計画の中止によって使われなくなったアポロ宇宙船が地球周回軌道上でソユーズ宇宙船とドッキングを果たしました。そしてアメリカとソ連の宇宙飛行士たちが互いの宇宙船を訪問して握手を交わし、国旗の交換や食事会などが行なわれたのです。

一方でアメリカは、「地球近傍空間の有人開発」を有人月探査に代わる新たな宇宙開発のターゲットとして掲げました。こうして登場したのが「スペースシャトル計画」で、1

970年代から計画がスタートします（最初の打ち上げは1981年）。

　スペースシャトルはNASAが開発した世界初の再使用型宇宙機（宇宙往還機）で、ロケットのように打ち上げられて、飛行機のように着陸することができます。打ち上げ時に使用する外部燃料タンクと固体ロケットブースターは1回きりの使い捨てですが、宇宙飛行士が搭乗し、大きな貨物室を持つ「オービター（軌道船）」は繰り返し利用します。貨物室に人工衛星や探査機を積んで高度300〜400キロメートルくらいまで運び、衛星を軌道投入したり、探査機を放出したりします。オービターを再利用することで運用コストを飛躍的に下げ、地球近傍空間へのアクセスを容易にすることが狙いでした。

　また、もう1つの宇宙開発の方向性として、アメリカは「月以遠」、すなわち火星、木星、土星への探査を多く行なうようになりました。

　火星探査機は1960年代から米ソ両国が打ち上げを行なっていました。1975年にはアメリカのバイキング1号と2号が相次いで火星に着陸して、現在または過去の火星に生命がいるか・いたかを調べる有名な生物学実験を行ないました。しかし、生命の兆候が何も得られないという結果が出て、その後しばらく、火星探査は下火になってしまいました。

一方、初の木星・土星観測を目指して、アメリカは1972年にパイオニア10号を、翌1973年にパイオニア11号を打ち上げました。パイオニア10号は1973年に史上初めて木星に接近し、木星やその衛星を間近で撮影しました。また11号は1974年に木星に、1979年には史上初めて土星に接近しました。さらに1977年にはボイジャー1号と2号が打ち上げられ、1号は木星（1979年）と土星（1980年）を、2号は木星（1979年）と土星（1981年）に加えて、より遠くの天王星（1986年）と海王星（1989年）に接近して観測を行ないました。

パイオニア探査機やボイジャー探査機が間近から撮影した、地球から遠く離れた巨大な外惑星《がいわくせい》のダイナミックな素顔は、ニュース番組などを通じて世界中の人々を魅了しました。私もボイジャーの外惑星の写真に魅せられて、この世界を志した者の一人です。ボイジャー両機はその後、太陽系を飛び出して、今も大宇宙の航海を続けています。

アメリカがこのように外惑星（地球の外側の軌道を回る惑星）探査で成果を挙げたのに対して、ソ連は内惑星である金星の探査「ベネラ計画」に挑みました。1970年にはベネラ7号が初めて金星表面への軟着陸に成功し、金星表面の温度や気圧（465度、90気圧）のデータを地球に送信して、金星の過酷な惑星環境が明らかになりました。また1975

年にはベネラ9号が金星の表面の画像を初めて撮影することに成功しました。

## 米ソともに迷走を始めた80年代の宇宙開発

米ソのデタントは、1979年にソ連がアフガニスタンに軍事侵攻したことで崩壊しました。しかしこの頃のソ連は経済的に厳しい状況に陥っていて、冷戦初期のようにアメリカと軍事的に争うだけの国の体力はなくなっていました。

そして1980年代に入り、アメリカは1981年に初めてのスペースシャトル・コロンビア号の打ち上げに成功しました。ところがふたを開けてみると、「安価に、安全に、大量の貨物を運べる」という当初の触れ込みだったスペースシャトルに、大きな目算の狂いが生じたのです。まず、一度宇宙に行ったオービターの再整備に多額の費用がかかることが明らかになりました。また、1986年にチャレンジャー号が打ち上げ直後に空中分解し、7名の宇宙飛行士全員が死亡するという大惨事が発生しました。そのため、スペースシャトルの安全性に強い疑問が投げかけられるのと同時に、安全対策に巨額のコスト増が発生することになりました。さらに、小さな探査機を打ち上げるためだけにスペースシャトルを使うのは非常に効率が悪いこともわかってきました。

1981年、初めてのスペースシャトル「コロンビア号」の打ち上げ。(NASA)

２０１１年まで飛行を続けたスペースシャトルは、宇宙環境で生命科学や材料科学のさまざまな実験をしたり、国際宇宙ステーション（１９９８年から建設開始）の部材の運搬や組立てを行なうなど、宇宙開発において大きな役割を果たしました。アメリカや日本を始めとする多くの国の宇宙飛行士が、スペースシャトルによって長時間の有人宇宙活動を経験できたことも、大きな意義がありました。

その一方で、スペースシャトルの運用に当初予定をはるかに上回る費用がかかったことは、アメリカのその後の宇宙開発の進捗に少なからぬ影響を与え、その足を引っ張ることになったのも間違いありません。こうしてアメリカの宇宙開発は、次第に迷走を始めることなったのです。

一方でソ連はというと、経済危機が深刻化する中、ゴルバチョフ書記長（のちに議長、大統領）による「ペレストロイカ（再建、立て直し）」が提唱され、経済改革が進められようとしました。もはや宇宙開発どころではない情勢だったのですが、1988年に打ち上げられた火星探査機フォボス1号と2号は、1号は火星に向かう途中で、2号は探査開始後まもなく、通信が途絶えるという失敗に終わってしまいました。そして3年後の1991年にはソビエト連邦が崩壊し、ついに国自体が消滅したのです。

## 宇宙ステーション「フリーダム」構想とSDI

ソ連が1980年代に行なった宇宙開発で忘れてはならないのは、世界初の本格的な宇宙ステーション「ミール」の打ち上げ（1986年）です。ミールを宇宙実験室として活用したことが、その後、国際宇宙ステーションへとつながっていったのです。1990年には、当時TBSの記者だった秋山豊寛《あきやまとよひろ》さんが宇宙特派員としてミールに滞在し、日本人初の宇宙飛行を達成したことで話題になりました。

現在の国際宇宙ステーションは、1984年にアメリカのレーガン大統領（当時）が提唱した「フリーダム」という宇宙ステーション計画から始まっています。レーガン大統領はソ連に対して非常に強硬な姿勢で臨み、その一環として、自由主義陣営の一致団結の象徴として国際宇宙ステーションを作ることを構想したのが、このフリーダム計画でした。また、ソ連からアメリカ本土に対して発射されたＩＣＢＭ（大陸間弾道ミサイル）を、宇宙に配備された兵器（軍事衛星）により撃墜することを目的とした「ＳＤＩ（Strategic Defense Initiative：戦略防衛構想）」、通称「スターウォーズ計画」を立ち上げました。

この2つの計画は構想通りには進みませんでしたが、ソ連の崩壊を促進するインパクトがあったと考えられています。また、ＳＤＩで開発された宇宙技術は、１９９０年代以降に小型衛星の開発技術としてそのまま使われて、現在でも非常に重要な役割を果たすようになりました。

それまでの宇宙開発用の機器は、過酷な宇宙環境に長期間耐えるために頑丈に作られたため、非常に大きくて重いものでした。しかしＳＤＩでは、ミサイル迎撃用などの軍事衛星を大量に宇宙に配備する必要がありました。そのため、衛星の部品の重さを従来の10分の1や１００分の1といったレベルまで減らし、衛星を非常に小型化・軽量化して、それをスペースシャトルなどで宇宙に配備するといったことが構想されたのです。耐久性などの性能は下がりますが、それらを大量に配備することで全体としての機能を保つ、という考えに基づくものでした。

## 月探査に再び注目が集まった1990年代

1990年代に入ると、ソ連が崩壊し、新たにロシア（ロシア連邦）が誕生しました。その混乱の中で、ロシアの宇宙開発は大きな後退を余儀なくされたのです。

対照的にアメリカの宇宙開発は、いわば独り勝ちの体制になります。そうした中でアメリカは1993年、当時のクリントン大統領がフリーダム宇宙ステーション計画にロシアを加えるという決断を行ないました。東西冷戦や宇宙開発競争でしのぎを削ってきた両大国が協力する、全世界の平和の象徴として「国際宇宙ステーション（ISS）計画」が、フリーダム計画をリニューアルする形で動き出したのです。

一方、90年代には月探査に新たな動きがありました。アポロ計画が1972年に終了した後、80年代には月探査にまったく目が向けられていませんでした。月にはもう行った、次は月よりも遠い深宇宙に行こうということで、アメリカは火星や木星、土星などの外惑星探査を行なってきました。ですが1990年代に入り、新たに科学探査を目的として月探査が行なわれるようになったのです。

その先駆けとなったのは、1994年に打ち上げられた月探査機「クレメンタイン」です。この探査機は、わずか227キログラムという超軽量・超小型探査機でした。アポロ計画の宇宙船の質量は40～50トンですから、その200分の1程度しかありません。

この探査機は、NASAとアメリカ国防総省の弾道ミサイル防衛局による共同プロジェクトであり、SDI（戦略防衛構想）で出てきた超小型部品を使ったものでした。ソ連が崩壊して冷戦が終わり、SDIは自然消滅する形で中止されました。ですがSDI用に開発された小型軍事衛星の部品が大量に余っていたため、その技術的検証を目的として月探査機を打ち上げることになったのです。

余りものの部品で作った探査機であり、あまり大きな成果を狙ったものではない月探査でしたが、クレメンタインは画期的な成果を挙げます。世界で初めて、月の全球の表面の様子をデジタル撮影することに成功したのです。これにより、それまでより広い範囲で月の地質や地形データを得ることができました。

さらに驚くべきことが判明します。クレメンタインのデータを解析したところ、月の極地域に水（氷）が存在するらしいことがわかったのです。月には水が存在しないと考えられていたので、これには世界中の科学者が衝撃を受けました。

こうしてクレメンタインは、現在のアルテミス計画にまで続く月探査ブームの号砲となったばかりでなく、新時代の月・惑星探査の潮流を築いたという意味で、非常に画期的な探査となったのです。

## NASAの「早い、うまい、安い」宇宙探査計画

クレメンタインは、打ち上げを含めた総費用が約8000万ドル（1ドル130円として約100億円）で、開発に要した期間は22ヵ月でした。計6回の月有人探査を行なったアポロ計画の総費用が8兆円とも30兆円ともいわれるのに対して、まさに驚きの安さです。当時、月・惑星探査ミッションがこれほど安価かつ短期間で実現したことはありませんでした。

90年代のNASAの宇宙探査を象徴する言葉が、「Faster-Better-Cheaper」です。日本語に訳すと「早い、うまい（良い）、安い」と、某牛丼チェーンの有名な宣伝文句と同じような感じになります。それまでの宇宙探査は、巨大な探査機を10年くらいかけて作って、巨大なロケットやスペースシャトルで打ち上げて、というやり方をしていました。そ

れに対して90年代以降は、機能の限られた小型探査機を小さなロケットで打ち上げることを次々に行なうようになったのです。

探査機やロケットが小さければ、探査機の開発費用や打ち上げ費用は安くなるので「安い」。それから探査機が小さいほど開発期間が短くなるので「早い」。そして目的を絞った探査によって、ピンポイントで科学的な成果を出すという意味で「うまい（良い）」、になるのです。これがその後のNASAの「ディスカバリー計画」、すなわち低コストで効率よく太陽系内を探査することを目指すものとなり、現在にも至っています。

1998年、NASAは月探査機「ルナープロスペクター」を打ち上げました。クレメンタインで存在の兆候が観測された水の確認と、これまでの月探査では実施されてこなかった月の極地域の観測、重力場の測定を実施するための、296キログラムの小型探査機でした。約22ヵ月という短期間で開発され、約6300万ドルという低コストで実現されたミッションでした。

そして観測の結果、月の極地域の「永久影」という、クレーターの内部で太陽光が1年中当たらずに極低温になっている部分に、約60億トンの水（氷）が存在する可能性が大きいことが示されました。また、磁場や月の内部構造にも新たな見解が得られました。

小型探査機による低コストの探査計画は、月探査だけではなくて火星探査でも実施されました。それが1996年12月に打ち上げられ、翌97年7月に火星に着陸した「マーズ・パスファインダー」です。1976年のバイキング1号・2号以来、21年ぶりに火星に着陸した探査機となりました。低コスト化のために、従来のロケット推進を用いた軟着陸ではなく、着陸機をエアバッグに包み込んで火星表面に突入し、地表でバウンドさせるという独特の着陸システムを成功させました。

着陸機とローバーは1週間から1ヵ月の寿命で設計されていましたが、約80日間交信でき、約1万6000枚の火星の写真や、大気や岩石の大量のデータを地球に送信しました。長期間の観測を目指した従来の巨大な探査機ではなく、3ヵ月程度しか活動できないけれど、軽くて安くて、内容を絞ったより良い探査ができる、という新世代の火星探査機の先駆けとなったのです。

## 「スペースシャトル後」で混迷する2000年代のアメリカ

2000年代に入ると、「アメリカ1強」だった宇宙開発・宇宙探査の流れが変わり、他の国々が参入してくるようになります。

まずアメリカは、2000年代もスペースシャトル計画を引き続き実行していきますが、2003年にスペースシャトル「コロンビア号」の事故が発生します。帰還のため大気圏に突入したコロンビア号がアメリカ上空で空中分解し、宇宙飛行士7名全員が死亡したのです。1981年から113回目の飛行だったスペースシャトルにとって、1986年のチャレンジャーの発射直後の爆発以来、2度目の死亡事故となりました。

それまでもスペースシャトルの方針について、先ほどの「早い、うまい、安い」の逆を行くような形の、重厚長大型の計画で良いのかという議論が出ていました。そこにコロンビア号の事故でまたもや多くの宇宙飛行士の命が奪われることになり、もうスペースシャトルは時代遅れなのではないかという声が挙がるようになりました。

そもそも2003年の時点で、スペースシャトルの初飛行から20年以上が経過していました。しかしその間、アメリカは有人宇宙飛行の手段をスペースシャトル1つに頼り切り、次の手段がまったくない状態だったのです。これを何とかしようということで、2004年に当時のブッシュ大統領が発表したのが、新しい宇宙計画である「ビジョン・フォー・スペース・エクスプロレーション（VSE：Vision for Space Exploration)」でした。決まった日本語訳がないので、私は「新宇宙政策」と呼んでいます。

その中では、スペースシャトルを2010年までに引退させて、新たにカプセル型の宇宙船「オライオン」と、ペアになる大型ロケット「アレス」を開発することが発表されました。アレスとは火星のことで、将来的な火星有人探査に使うことも意識した名前です。これらによって新世代の有人宇宙飛行を目指すという計画が立てられたのですが、それまでアメリカがスペースシャトルに頼り切り、他の宇宙開発の予算を増やしてこなかったこともあり、この新宇宙政策に基づく計画はどんどん遅れていくことになります。

新宇宙政策で提唱された計画の中に、第1章でも触れましたが、月に有人探査機を送るという「コンステレーション計画」がありました。オライオンとアレスで現地に行くという計画でした。しかし予算とスケジュールの超過が相次ぎ、結局2010年にオバマ政権が新たな宇宙政策を示して、コンステレーション計画は中止という憂《う》き目に遭います。このように、2000年代のアメリカの宇宙政策、とりわけ有人飛行計画は非常に困難な時期を迎えることになったのです。

## 新たな宇宙強国・中国の台頭

一方、新たな宇宙強国を目指して登場したのが中国です。中国は1980年代以降、経済特区の設置や市場経済の導入などの「改革開放政策」により、急激な経済成長を遂げるようになりました。１９８９年に起きた天安門《てんあんもん》事件に対して、欧米や日本が経済制裁を行なったことで成長は一時停滞しますが、まもなく回復し、21世紀に入ると成長はさらに加速します。２０１０年には中国のＧＤＰは日本を追い抜き、アメリカに次ぐ世界第２位の経済大国となります。

こうした中、中国は宇宙でも強国の地位を確立しようとし、１９９９年に建国50周年記念として「神舟《しんしゅう》1号」を打ち上げました。神舟は有人宇宙船ですが、1号は無人飛行ミッションとして行なわれました。そして２００３年には、宇宙飛行士１人を乗せた「神舟5号」の打ち上げに成功し、ソ連・アメリカに次いで世界で３番目、42年ぶりに有人宇宙飛行に自力で成功した国となりました。

その後も中国は神舟シリーズを半年から数年おき、平均すると2年に1回ほどのペースで次々と打ち上げていきました。２０２２年6月には「神舟14号」の打ち上げに成功し、3人の宇宙飛行士が建設中の中国独自の宇宙ステーション「天宮」に到着しました。２０２２年の末には「神舟15号」の打ち上げも予定されているとのことです。アメリカやロシアの宇宙政策が思うように進まない一方で、中国が有人宇宙飛行に成功し、着々と成果を積み上げていくことで、宇宙開発における中国の存在感がどんどん増していったのです。

## 2000年代の月探査と火星探査

2000年代は、中国を含めた世界各国が一斉に月探査に乗り出してくるという、歴史的な時代となりました。冷戦時代の月有人探査競争では、アメリカとソ連という2ヵ国だけが月探査にしのぎを削っていました。それが2000年代に入ると、ヨーロッパ（欧州宇宙機関：ESA）が「スマート1」（2003年）、日本が「かぐや」（2007年）、中国が「嫦娥1号」（2007年）、インドが「チャンドラヤーン1」（2008年）と月探査機を打ち上げたのです。

一方、アメリカは90年代に続いて2000年代も火星探査に力を入れます。地球と火星は太陽の周囲を回る速度が違うため、約2年2ヵ月ごとに接近をくり返し、この時が火星探査機の打ち上げ好機となります。これを狙って、2001年に「2001マーズ・オデッセイ」が、2003年には「マーズ・エクスプロレーション・ローバー」、2005年の「マーズ・リコネサンス・オービター」、そして2007年に「フェニックス」と、続々と探査機（周回機や着陸機、探査車など）が打ち上げられました。ヨーロッパも200

3年、初の火星探査機「マーズ・エクスプレス」を火星に送りました。

一連の火星探査の最大の狙いは、火星に水が存在するかどうかを調べることでした。生命に必須とされる水が、かつての火星にあったり、現在でも地面の下に存在していれば、火星生命がかつて存在した、あるいは現在も存在する可能性が示されるのです。そして探査の結果、かつての火星の表面には大量の水、つまり海が存在したことがほぼ確実になりました。さらに、今も地面の下に水が存在することを示す証拠も見つかっています。

それから2000年代のもう1つのトレンドとして、民間による宇宙開発が始まったことが挙げられます。イーロン・マスク氏によるスペースX社の設立は2002年、ジェフ・ベゾス氏によるブルーオリジンの設立が2000年です。他にもさまざまな民間の宇宙ベンチャー企業がアメリカなどで現れて、それが2010年代以降、大きな活況を呈するようになります。民間による宇宙開発については、第4章で詳しく紹介します。

## 政権交代で迷走するアメリカの宇宙開発

いよいよ、2010年代に入ると、有人宇宙開発の動きにも変化が起こってきます。

まず、スペースシャトルが2011年に引退します。前述の新宇宙政策（VSE）の予定より1年遅れでしたが、これによりアメリカは有人宇宙開発におけるアクセスルートを失うことになりました。本来であれば、2〜3年後にはオライオンが開発を終了しているはずでしたが、これがズルズル延びて、ようやくアルテミス1でテストが行なわれます。同じように打ち上げに使われるはずだったアレスロケットを引き継ぐ形となったのがSLSです。

開発が遅れた理由の1つは、やはり予算投入額が少ないことです。そしてもう1つ、アメリカの歴代政権の宇宙計画が、21世紀になってころころ変わっている点にあると思います。

有人月探査の「コンステレーション計画」が中止された後、オバマ政権（民主党）が代わりに2013年に打ち出したのが「小惑星イニシアチブ」という計画でした。その中で大きな柱を占めていた「アーム（ARM）」という大胆な小惑星捕獲計画については、第1章で触れました。これをもう少し説明します。

まず、先頭に袋状の構造物を装着した無人宇宙船が、大きさ数十メートルクラスの小惑星を丸ごと包み込んで「袋詰め」にした上で軌道から離し、地球と月の間の地点まで持ってきます（後に、小惑星の表面から大きさ数メートルサイズの岩をロボットアームで回収し、それを地球の近くに運ぶという計画に変わりました）。そして地球から有人宇宙船で宇宙飛行士を送り込み、小惑星とドッキングして探査し、一部のサンプルを地球に持ち帰る、という計画です。

当初計画では小惑星を丸ごと持ってこようという、非常に大胆な計画であり、後に岩を持ってくるというマイルドなものに変わりましたが、どう考えても技術的に無理があるということで、計画発表当初から多くの科学者の批判にさらされました。そして結局、次のトランプ政権（共和党）になって中止されました（２０１７年）。

そのトランプ大統領が打ち出したのがアルテミス計画であり、再び月探査に戻ったことになります。アルテミス計画はトランプ大統領の「アメリカ・ファースト（アメリカ第一主義）」の考え方の中から出てきたもので、50年ぶりに人間を再び月に送ろうというコンセプトのもとに計画が立てられました。

では、２０２０年の大統領選でトランプ氏が敗れ、民主党のバイデン氏が勝ったので、アルテミス計画が今後中止になる可能性があるかといえば、第1章で述べたように、すぐに中止になることはないだろう、というのが私の見立てです。

## 月探査を精力的に進める中国

アメリカがアルテミス計画を進める理由として、近年宇宙開発を精力的に進める中国の存在があることは、第1章で触れました。

先ほどお話ししたように、中国は2007年に月探査機である嫦娥1号の打ち上げに成功しました。嫦娥とは、古代中国の神話に登場する月の女神のことです。中国は国家プロジェクトとして月探査の「嫦娥計画」を進めていて、月周回機である嫦娥1号に続き、やはり周回機の嫦娥2号を2010年に打ち上げて、月面全体を対象とした3次元映像を作成し、月面の元素や物質の分布を調査しました。続いて2013年の嫦娥3号と2018年の嫦娥4号（着陸は2019年）は、月面への着陸に成功し、月面探査車を使って月面の探査を行ないました。そして、前述のように2020年11月には嫦娥5号が打ち上げられ、月の石を採取して、同年12月に地球へのサンプルリターンに成功しました。

無人探査機による月探査を精力的に進めてきた中国は、将来、間違いなく有人月探査に歩を進めるでしょう。その時期は2030年くらいと私は見ています。また、ロシアと共同で月面基地を作る計画も発表されています。ですから、宇宙におけるアメリカの覇権を脅かす次の相手は中国だ、ということは誰の目にも明らかです。そんな中、アメリカがアルテミス計画を引っ込めて、月以外の探査計画や、無人月探査計画に回帰するといったことをした場合には、宇宙開発におけるアメリカの存在感は大きく低下してしまうでしょう。

オバマ政権の時に小惑星有人探査を決めたのは、アメリカにとって月有人探査はすでに成し遂げたことだったためです。今さら中国が月に宇宙飛行士を送り込んだところで、それは二番煎じにすぎない、という見方をしていました。我々は次のフロンティアを目指す、つまり小惑星に世界で初めて人間を送り込むのだ、と考えていたのです。しかしトランプ大統領はそれが許せず、21世紀の新たな有人月探査競争にも勝つ、中国よりも先に再び人類を送り込もうということで、アルテミス計画を立てたのです。

## 宇宙開発での中国とロシアの協力関係

アルテミス計画は当初の「アメリカ対中国」という図式から、さらに「民主主義国（自由主義国）対独裁主義国（強権主義国）」という構図を強めてきました。もっとはっきりいえば「アメリカ・ヨーロッパ・日本など」対「中国・ロシア」です。

第1章で述べたように日本はアルテミス計画に対していち早く参加を表明しました。これは、日本が月探査をやりたいからではなくて、アメリカの安全保障に協力するという意味合いが非常に強いものです。ヨーロッパでも「アルテミス合意」に署名する国が出ていますが、これは安全保障におけるロシアの脅威を見すえて、というところが大きいと思います。80年代のフリーダム宇宙ステーション計画のように、自由主義陣営の団結のシンボルとしてアルテミス計画は位置づけられているといえます。

一方で中国は、宇宙開発に関してロシアとの協力体制を強化しています。2021年には中国とロシアが共同で月面基地を開発する「インターナショナル・ルナ・リサーチ・ステーション」計画を打ち出し、各国に参加を呼びかけています。

中国とロシアは2010年代の火星探査も共同で行ないました。2011年に「フォボス・グルント」というロシアの火星探査機が打ち上げられた際、中国の「蛍火《けいか》1号」という火星探査機も相乗りしたのです。しかし地球周回軌道からの離脱に失敗し、探査機はともに失われてしまいました。

中国の宇宙開発はロシアから技術導入をして始められたという経緯もあって、両国は宇宙開発についても関係性は深いのですが、両者が「蜜月関係」にあるのかというと、どうもそんな感じはしません。ロシアは中国に対して「ソ連時代から築いてきた自分たちの宇宙開発技術を勝手に持って行きやがって……」と思っているふしもあります。

しかし2010年代のロシアは、宇宙開発についてはガタガタの状態です。アメリカのスペースシャトルが引退した後、ロシアのソユーズ宇宙船が国際宇宙ステーションに宇宙飛行士を送る唯一の手段となっているという形での存在感は示していましたが、その他は全部だめという状態です。したがってロシアとしては、頼る相手は中国しかいないのです。

じつは2010年代に、ロシアは宇宙開発分野でヨーロッパとの関係も非常に深めていました。ソユーズ宇宙船をヨーロッパでも運用しようということで、ESAが持っている南米ギアナ（フランス領）にある宇宙センターからソユーズを打ち上げるという計画が進んでいました。また火星探査もヨーロッパとロシアが共同で「エクソマーズ」計画を進めていました。しかしロシアのウクライナ侵攻により、欧州とロシアの協力関係はすべて断ち切られてしまいました。

アルテミス計画に代表されるように、今や宇宙開発は、国際政治の流れに大きく振り回される時代となりました。日本人の感覚では、宇宙は平和の象徴であり、下界＝地球がゴタゴタしていても、宇宙開発はそうしたものとは切り離されて展開されるべきものだ、展開されてほしいという思い、希望や理想が大きかったと思います。しかしそれが崩れてきているというか、日本は安全保障の観点から率先して宇宙政策と政治と関係づけようとしているのです。こうした点については、次章でもお話しします。

## 新たな宇宙大国・インドの猛追

2010年代の宇宙開発は、アメリカ（民間の宇宙開発を除く）とロシアがその地位を下げる一方、中国が有人探査と月探査で存在感を高め、アメリカに次ぐ世界第2位の宇宙大国としての地位を築きました。さらにもう1つ注目すべきなのは、アメリカと中国の宇宙開発に猛スピードで追いついてきたインドの存在です。多くの日本人は、インドが世界有数の宇宙大国であることを知らないのではないでしょうか。

インドは2008年に月探査機（周回機）「チャンドラヤーン1」を打ち上げました。これがインド初の月探査機です。古代インドの言語であるサンスクリット語で、「チャンドラ」は「月」、「ヤーン」は「乗り物」のことであり、チャンドラヤーンは「月への乗り物」という意味の造語です。そして2019年には「チャンドラヤーン2」が打ち上げられました。月周回機と着陸機のセットになっていて、周回機は月周回軌道に投入されましたが、着陸機は月面着陸に失敗してしまいました。月面着陸は、2023年打ち上げ予定の「チャンドラヤーン3」で再チャレンジすることになっています。

インドは火星探査にも取り組み、2014年には火星探査機「マンガルヤーン」を火星周回軌道に投入することに成功しました。これはインド初かつアジア初の火星探査機です。日本は火星探査機「のぞみ」を1998年に打ち上げましたが、火星周回軌道投入を断念したので、マンガルヤーンがアジア初の火星探査機となりました。

インドの宇宙開発の予算規模は、日本よりも少ないです。にもかかわらず、日本よりも先に火星探査機を送るなど、急速に宇宙開発の実力を伸ばしてきました。その理由として、インドは物価が安いので、低コストで探査機が作れることがあります。マンガルヤーンの開発の際に、インド宇宙研究機関（ISRO）の総裁は「この探査機の開発は、火星探査のハリウッド映画よりも安上がりだ」と発言したとのことです。実際の費用は日本円で100億円かかっていないとされています。しかも10年といった長期間で開発するのではなく、2年くらいで一気に、低予算で開発をしてしまうのです。

今後は、月探査については日本とインドの共同で、月の極域を探査する「LUPEX（ルペックス）」が2024年以降に予定されています。また2023年頃には、インド独自の有人宇宙船を開発して有人宇宙飛行を行なうという計画も出ています。

じつはインドの宇宙開発は、その最初の時期にはロシアからの技術導入が進められたということもあって、ロシアとの結びつきもそれなりにあります。ただし最近のインドのロケット技術は、ほぼ国産開発で進んでいると見て間違いないでしょう。したがってインドが宇宙開発において、中国とロシアのような協力関係になることはないだろうと思います。

国際政治の世界でも、インドは日本、アメリカ、オーストラリアとの4ヵ国の枠組み「クワッド」に入って、中国への脅威認識を共有する国々との安全保障協力を強める一方で、ウクライナ紛争ではロシアとの関係も維持するなど、独自の立ち位置を維持して、影響力を強めています。こうしたインドが、宇宙開発においても今後「台風の目」になる可能性は十分にあるでしょう。

# 第3章

# 日本の宇宙探査・開発の歴史

## 日本の宇宙開発の特徴は何か？

まずは、日本の宇宙探査・宇宙開発の特徴を簡単に述べましょう。

第1の特徴は、諸外国と違って軍事と結びついていない、という点です。正確には「これまでは結びついていなかった」という言い方がよいかもしれません。２０２０年には、自衛隊で初めてとなる宇宙領域の専門部隊として宇宙作戦隊が新編されるなど、自衛隊も徐々に宇宙分野に入ってきています。また、情報収集衛星という名の、事実上の偵察衛星も持っています。とはいえ、ＮＡＳＡが軍と人事交流をしていたりする例と比べれば、今のところは露骨ではないといえるでしょう。

諸外国の場合は、第2章で説明したように、もともと宇宙開発は軍のミサイル開発から始まったものですから、最初から軍事と結びついた形でスタートしています。また、諸外国では宇宙飛行士が軍出身であることも珍しくありません。これらに比べると、日本の宇宙開発はまだ平和の理念に基づいて行なわれているといえますし、それは日本の「宇宙基本法」という法律にも明記されています。これが非常に大きな特徴です。

第2の特徴として、少ない予算で非常に効率よく、幅広い宇宙開発を行なっているという点が挙げられると思います。これは長所でもあり、短所でもある、表裏一体のものです。

ＪＡＸＡの予算はざっくりいうと、ＮＡＳＡの予算の10分の1で、ヨーロッパ・ＥＳＡの予算の半分ほどです。その少ない予算の中で、ロケット開発から人工衛星開発、国際宇宙ステーションへの参画、宇宙飛行士の訓練から、月惑星探査、天文衛星まで、ほぼすべての宇宙開発の分野を網羅しているといってもかまわないものを、フルスペックで行なっているのです。そこまでできている国は現在、世界でもアメリカと中国くらいで、次いで日本、ヨーロッパ（地域ですが）、インドでしょうか。このように世界でもトップレベルの宇宙開発技術を持っている国、それが日本なのです。

しかし、予算が少ないがゆえの問題も多くあります。たとえば月惑星探査の場合、予算が少ないがゆえにチャンスも少ないので、打ち上げられる時にいろいろなことをやろうとして、機能が豊富な衛星を作ろうとしがちです。そのために開発がなかなか進まず、しかもそれがうまくいかなかった時のダメージは計り知れません。ＪＡＸＡの月着陸機の計画は１９９０年代後半からあったのに、それがＳＬＩＭという形で実現するのはようやく２０２２年度と、30年近くの年月がかかっています。

これが中国やインド、あるいはアメリカの小規模ミッションだと、やるとなったら３～４年で探査機を打ち上げ、目的の天体に行ったりします。そのスピード感の違いは非常に大きいです。

さらに、日本では官需すなわち政府需要による宇宙開発が圧倒的に多く、民間需要によるものが少ないという、いびつな構造になっている点も特徴です。日本が打ち上げている衛星は、情報収集衛星や準天頂衛星（特定の一地域の上空に長時間とどまる軌道をとる人工衛星。測位情報システムに使われる）、地球観測衛星など、みな政府需要のものですし、月惑星探査衛星も広い意味ではそこに入るものだといえます。

海外では、スペースX社の「スターリンク」のように、小型の通信衛星を大量に打ち上げて通信を行なうといった、民間による宇宙ビジネスがどんどん展開されています。しかし日本では、海外の通信衛星などの打ち上げを受託するようなことはほとんどありません。たまにあると大ニュースとして取り上げられるほどです。世界有数の宇宙開発技術を持ちながら、それがビジネスには結びついていないという点も、日本の特徴というか、今後の課題になっているといえるでしょう。

## ペンシルロケットから始まった日本の宇宙開発

それでは、日本の宇宙開発の歴史について、駆け足になりますが紹介していきます。そのスタートはやはり、東京大学教授だった糸川英夫《いとかわひでお》先生の「ペンシルロケット」になるでしょう。糸川先生が「日本の宇宙開発・ロケット開発の父」と呼ばれ、小惑星探査機「はやぶさ」が訪れた小惑星「イトカワ」が糸川先生にちなんで名づけられたものであることは、多くの方がご存じでしょう。

糸川教授とペンシルロケット。(JAXA)

もともと日本は、第２次世界大戦前から兵器としてのロケット開発を行なっていました。当時の日本の航空宇宙技術は、世界的にもかなりのレベルのところにつけていたことは確かでした。しかし敗戦により、日本は航空機の技術開発を禁じられてしまいました。１９５１年９月にサンフランシスコ平和条約が締結され、翌１９５２年４月に発効した後、ようやく航空技術の開発が再びできるようになったのです。

戦時中から航空機の開発を行なっていた糸川先生は、１９５４年2月、東京大学生産技術研究所に航空技術の研究班を設置しました。糸川先生がもともと目指していたのは、ロケットを使った旅客機でした。ジェットエンジンではなくロケットで飛び、アメリカにわずか数十分で行けるような旅客機を作ろうという構想からスタートしたのです。そして１９５５年３月、東京都国分寺《こくぶんじ》市で長さ23センチメートル、直径１・８センチメートルのペンシルロケットの水平発射実験が行なわれました。これが戦後日本初となるロケット実験とされています。ちなみに私がＪＡＸＡの広報部に在籍していた２００５年には、ペンシルロケット50周年ということでさまざまなイベントを行ないました。

次の大きな目標として、１９５７年7月から１９５８年12月にかけて設定された国際地球観測年という国際協力イベントにおいて、上層大気をロケットに載せた機器で観測しよう、そのためのロケットの研究開発を進めようということになりました。そこでペンシルロケットの実験からスケールをどんどんアップしていくことになります。より広い場所で実験するために、国分寺から千葉へ場所を移しましたが、実験は失敗がかなり多く、試行錯誤の連続だったそうです。

さらにロケットの大型化が進むと、都市部での水平発射実験に限界が来るようになりました。そこで上方への打ち上げ実験ができる適地を探し、秋田県の道川《みちかわ》海岸という場所が見つかりました。ペンシルロケットを大型化した、外径8センチメートル、全長120センチメートル、重さ約10キログラムの「ベビーロケット」の打ち上げ実験がここで行なわれましたが、順調にはいきませんでした。ロケットが点火されなかったり、点火されたもののとんでもない方向へ飛んでいったりと、失敗を何度も繰り返しながら、最終的に高度6キロメートルまで到達できたのです。

その後、アルファ、ベータとギリシャ文字のアルファベットが名称としてつけられたロケットシリーズの開発が進んでいき、打ち上げ距離も延びていきました。そして1958年9月、「カッパロケット」（カッパはKに相当するギリシャ文字）のK－6型で高度50キロメートルの打ち上げを達成することに成功し、上層大気の観測を行なうことができました。さらに1960年にはK－8型で高度200キロメートルを超えました。一般に高度100キロメートルより上を宇宙空間と呼びますので、日本は宇宙に到達できる、自前の技術によるロケットを持てるようになったのです。

## 初の人工衛星「おおすみ」の打ち上げ

続いてカッパロケットの後継機として、「ラムダロケット」（ラムダはLに相当するギリシャ文字）の開発が始まりましたが、なかなか進みませんでした。ラムダロケットは高度1000キロメートル以上に到達し、日本初の人工衛星を打ち上げることを目指したものです。しかし本当に失敗の連続で、新聞で「また失敗！」と叩かれるなど、1960年代は日本の宇宙開発において苦悩・苦闘の時代となりました。

なお、糸川先生が率いる東京大学生産技術研究所の一部と東京大学航空研究所が1964年に合併し、東京大学宇宙航空研究所が発足しました。またロケットの新たな打ち上げ施設として、1963年に鹿児島宇宙空間観測所（現・内之浦宇宙空間観測所）が開所しました。

人工衛星を打ち上げるためのラムダロケット「L－4S」は、その鹿児島宇宙空間観測所から打ち上げ実験を繰り返しました。しかし1966年の1号機から1969年の4号機まで、すべて軌道投入に失敗したのです。

しかし、ついに1970年2月11日、「L－4S」の5号機が打ち上げに成功し、日本初の人工衛星「おおすみ」が宇宙に送られました。ソ連、アメリカ、フランスに次いで、日本日本は世界で4番目の人工衛星打ち上げ国となったのです。

その2ヵ月後には、中国が人工衛星の打ち上げに成功しています。日本を除く国々は、弾道ミサイル開発という軍事目的の一環あるいは副産物として、人工衛星を打ち上げるロケットを開発しました。それに対して日本は、軍とは関係のない大学の研究所で人工衛星の打ち上げ技術の開発に成功したのです。本章の冒頭で述べたように、この点は日本の宇宙開発の大きな特徴だといえます。

ちなみに人工衛星「おおすみ」の形状は長さ100センチメートル、太さ48センチメートルで、重さ約24キログラムです。加速度計と温度計、電波信号の送信機などは搭載されていますが、とくに何かを観測したりするわけではありません。「おおすみ」は打ち上げ後33年も長生きして地球の周囲を回り続け、2003年8月2日に地球に落下して大気圏で燃え尽きました。これも私がJAXA（正確には統合前の宇宙開発事業団）の広報部にいた時のことで、よく覚えています。

そして1970年代に入ると、東京大学宇宙航空研究所ではラムダロケットの後継機「ミューロケット」（ミューはMに相当するギリシャ文字）の開発を行ない、おもに科学探査衛星を次々と打ち上げていきました。また1981年には、東京大学から離れて文部省宇宙科学研究所（宇宙研、ＩＳＡＳ）に組織改正されました。

## 2頭立てで進んだ1970年代以降の日本の宇宙開発

さて、ここまでお話ししてきたのは、糸川先生からの流れを汲《く》む「固体ロケット（固体燃料ロケット）」による科学衛星の打ち上げでした。ご存じの方も多いでしょうが、日本の宇宙開発にはもう1つ、別の流れがあります。それはアメリカからの技術導入で進められた「液体ロケット（液体燃料ロケット）」を使った実用衛星の打ち上げです。それを担《にな》ったのが、科学技術庁傘下の特殊法人・宇宙開発事業団（ＮＡＳＤＡ）です。１９６４年に科学技術庁内に設置された宇宙開発推進本部が発展して、１９６９年10月に設立されました。

固体ロケットは、燃料と酸化剤を一緒に固めた固体燃料（推進剤）を燃やすことで飛行します。構造が比較的簡単で製造コストも安いという長所の反面、点火すると同じ強さで燃え続けるので推力の調節が難しいという短所があります。カッパロケットやラムダロケット、そして「はやぶさ」を打ち上げた「Ｍ‐Ｖ（ミューファイブ）ロケット」や、その後継機である「イプシロンロケット」が固体ロケットです。

一方の液体ロケットは、液体燃料と液体酸化剤が別々のタンクに入っていて、それらを燃焼室で混ぜて燃やすことで飛行します。一度点火した後に消したり再点火したりできるので、推力の調整がしやすい点が長所ですが、構造が複雑で制作が難しく、製造コストも高いのが短所です。現在の日本の主力ロケットである「H－ⅡA（エイチツーエー）ロケット」や、次期主力ロケットとして2022年度内の初打ち上げを目指す「H3（エイチスリー）ロケット」が液体ロケットです。

扱いやすさなどの観点から、伝統的に固体ロケットの開発を進めてきた宇宙研に対して、NASDAでは推力の細かな制御ができ、ロケットの大型化も可能な液体ロケットをアメリカから技術導入して、通信衛星などの実用衛星の打ち上げに用いることを決めました。諸外国を見ても、大型のロケットはみな液体燃料で動いていたのです。

こうして1970年代以降、宇宙研とNASDA、そして文部省と科学技術庁というように、日本には宇宙開発の機関が2つ存在し、2頭立てで進むという事態になりました。当時は、お互いが切磋琢磨《せっさたくま》するというよりは、相手のことにはあまり触れないという雰囲気だったようです。お互いに相手のことを「彼らは技術者だから」「彼らは研究者だから」、あるいは「科学衛星と実用衛星はやり方が違うから」と思って、自ら壁を作ってしまうようなところもあったと聞いています。

## 飛躍が続く1980年代の日本の宇宙開発

アメリカからの技術導入でスタートした液体ロケットは、最初はライセンス生産によって行なわれました。それが日本初の液体ロケット「N－I（エヌイチ）ロケット」で、NASDAと三菱重工業がアメリカのデルタロケットの技術をもとに開発・生産しました。

1970年から開発が始まり、1975年に技術試験衛星「きく」を搭載した1号機の打ち上げに成功しました。続いて人工衛星の大型化に対応するために「N－II（エヌニ）ロケット」の開発を始め、1981年に技術試験衛星「きく3号」を搭載した1号機が打ち上げられました。N－IIロケットもライセンス生産であり、日本はアメリカからの技術導入という形で、液体ロケットを打ち上げる力を少しずつ自分のものにしていったのです。

一方、宇宙研の固体ロケットも大型化・高性能化が進められました。ラムダロケットに続く「ミューロケット」（ミューはMに相当するギリシャ文字）の開発・打ち上げが行なわれ、大気観測衛星やX線観測衛星などの科学衛星が多数打ち上げられました。

さらに1980年代に入ると、宇宙研では地球近傍ではなく、もっと遠いところへ衛星を打ち上げようという機運が高まります。そこにやって来たのが、1986年のハレー彗《すい》星《せい》です。約76年周期で地球に近づくこの大彗星を観測するために、世界各国が協力して複数の宇宙探査機を打ち上げようということになりました。通称「ハレー艦隊」と呼ばれたこの探査機群に、日本も加わろうということになったのです。

これは当時の宇宙研の技術レベルからすると、相当に難しいミッションでした。しかし宇宙研は技術の限界まで挑み、1985年に「さきがけ」と「すいせい」という2つの探査機をミューロケット（M－3SⅡ）でハレー彗星に向けて打ち上げることに成功しました。これによって、地球近傍の宇宙空間よりずっと遠い場所で衛星投入ができるようになり、日本の宇宙開発における大きなステップになったのと同時に、日本が世界に伍《ご》して宇宙開発に加われる実力があることを証明したのです。

ハレー彗星がやって来た1986年は、NASDAの液体ロケット側でも大きな出来事がありました。「H－I（エイチワン）ロケット」シリーズの打ち上げが、この年から始まったのです。H－Iは従来のNシリーズに比べると、国産部品の比率が非常に高いロケットでした。日本の技術がどんどん進み、アメリカの技術にそれほど頼らなくても液体ロケットの打ち上げができるようになったのです。

また1985年には、アメリカのスペースシャトルに搭乗する初の日本人宇宙飛行士として、毛利衛《もうりまもる》さん、向井千秋《むかいちあき》さん、土井隆雄《どいたかお》さんの3人が選定され、日本は有人宇宙開発の分野にも乗り出すことになりました。アメリカが1986年のスペースシャトル・チャレンジャー号の事故によって宇宙開発が足踏みする中、日本の宇宙開発は「より遠くへ」や「より新しいものへ」といったことが謳《うた》われるようになり、飛躍を続けていったのです。

## 1990年代に1つの絶頂期を迎えるが……

1990年代に入ると、まず1990年、日本は月に向けて探査衛星「ひてん」を打ち上げることに成功しました。ひてんは純粋な技術衛星であり、月の科学探査を行なったわけではありませんでしたが、日本が月にまで衛星を飛ばせる技術を持っていることを世界に明らかにしたものとなりました。

次なる目標は、悲願であった純国産液体ロケットの開発でした。H－Iロケットは国産化率を高めたとはいっても、アメリカの許可がなければ中を触れない（そしてほとんどは許可が下りない）ブラックボックス部分が必ずありました。そうした部分をなくして、100パーセント国産の液体ロケットを作るべく、NASDAでは80年代半ばから次の「H－Ⅱ（エイチツー）ロケット」の開発が始まっていました。

一方の宇宙研も、ハレー艦隊への参加やひてんの打ち上げ成功を受けて、次の目標は月惑星探査だという声が高まっていきます。そこで月惑星探査にも使用できる固体ロケットとして、次世代の大型固体ロケットである「M－Ⅴロケット」の開発が1990年から始まりました。

じつはH－Ⅱも、打ち上げ能力から見て月惑星探査機を打ち上げるのに十分な能力を持っていました。これは将来的に、大型の実用衛星を地球の周囲に打ち上げるだけではなくて、月惑星探査のほうの需要を取り込むことを考えていたものだったといえます。

しかし、H－Ⅱロケットのエンジン開発は非常に難航しました。本来は1990年頃までに完成しているはずが、どんどん遅れていきました。さらに1991年には、エンジンの試験中に爆発事故が起こり、三菱重工業の技術者1名が亡くなるという惨事も発生しました。

そうした苦難を重ねた末に、1994年2月4日、ついにH－Ⅱロケットの1号機が打ち上げられました。純国産の大型液体ロケットで自由な宇宙開発を実現できるようになったことで、日本の宇宙開発は1つの頂点に達することになったのです。

もう一方のM－Vロケットの開発もかなり難航しましたが、1997年2月12日に1号機の打ち上げに成功しました。続いて1998年にはM－Vの3号機（2号機は搭載予定の衛星の開発遅延により中止）によって、日本初となる火星探査機「のぞみ」が打ち上げられました。

## 90年代末から一転して苦難の時期に

絶頂期を迎えたかに見えた日本の宇宙開発でしたが、ここから一転して、新たな苦難が次々と襲いかかったのです。

まず、満を持して開発したH－Ⅱロケットですが、1998年打ち上げの5号機で2段目のエンジンが予定より早く燃焼を止めるというトラブルが起こり、通信放送技術衛星「かけはし」を所定の軌道に持っていくことができなくなってしまいました。衛星自体のエンジンで何とかミッションができる軌道には持っていったものの、行なえるミッションがかなり限定される結果となりました。

さらに翌1999年、次の8号機（5号機の前に6号機を打ち上げていて、また7号機の前に8号機を打ち上げることになった）で、運輸多目的衛星（気象衛星）を打ち上げることになっていました。しかし打ち上げ後に1段目のエンジンが破損し、地上からの指令で破壊するという、非常にみじめな結果に終わったのです。ロケット打ち上げの連続失敗に対する批判が相次ぎ、H－Ⅱシリーズはこれで打ち切りとなりました。

そして宇宙研も2002年2月、X線観測衛星を搭載したM－Ⅴロケット4号機が打ち上げに失敗しました。NASDAも宇宙研もロケットの打ち上げ失敗が続いたことで、日本の宇宙開発体制はこのままでいいのかという疑問の声が高まったのです。当時は省庁再編や「官から民へ」といった政府組織の再構築の流れが強まっていたこともあり、文部省と科学技術庁という2つの政府組織がそれぞれ宇宙開発機関を持ち、似たようなことをやっているのは非効率ではないか、という議論が巻き起こりました。

さらに、科学技術庁が管轄する航空宇宙技術研究所（NAL）という組織がありました。もともとは航空技術研究所といい、航空機の基礎・応用研究を行なっていましたが、ここもスペースプレーン（航空機のように自力で滑走して離着陸および大気圏離脱・突入を行なう宇宙船）の研究など宇宙に関係を持つようになっていました。ちなみにNASAが航空技術の開発も行なっているのは有名です。したがって、「空を飛ぶもの」の研究は全部、1つの組織で研究すればよいではないか、という話が持ち上がってきたのです。

加えてH－Ⅱロケットに関して、純国産であることにこだわり過ぎた結果、高い打ち上げコストのロケットとなり、海外の安い商用ロケットに勝てず、1年に1回くらいしか打ち上げができないことが問題となっていました。将来、日本のロケット産業・宇宙開発産業を育成していくためには、もっと費用が安くて信頼性の高いロケットを作らなければならないという議論が出てきたのです。これは、技術を極限まで追究するような従来の研究開発中心の体制ではなく、市場のニーズに合わせた技術開発を行なうような体制に変えていくべきではないか、という考えになります。

## 誕生直後のＪＡＸＡを襲ったトリプルパンチ

こうした議論が進む中、2001年に省庁再編が行なわれて、文部省は科学技術庁と合併して文部科学省になりました。所管の官庁が一緒になったのですから、もはや宇宙開発の組織を2つや3つにしておく必要もないということで、3機関の統合が進められることになったのです。

こうして2003年10月1日、宇宙研、NASDA、NALを統合して「宇宙航空研究開発機構（JAXA）」が誕生しました。JAXAができたことで、これからの日本の宇宙開発は、実用衛星から科学衛星、ロケット開発から有人宇宙飛行まですべてを網羅する1つの組織、いわば日本版NASAで進められることになったのです。まさに日本の宇宙開発の大転換点であり、これを契機として一層の飛躍が期待できると、誰もが考えていました。

ところが、発足直後のJAXAを「トリプルパンチ」が襲います。まず発足月の10月に、地球温暖化やオゾン層の破壊、異常気象などを観測する地球観測衛星「みどりⅡ」（2002年12月打ち上げ）が、電源ケーブルの破断で機能を停止しました。

そして翌11月には、「H－ⅡA（エイチツーエー）ロケット」の6号機が打ち上げに失敗しました。H－Ⅱロケットを全体的に再設計して作られたH－ⅡAロケットは、2001年8月に試験機1号の打ち上げに成功して以来、2021年末までに45回の打ち上げのうち、44回が成功するという、極めて信頼性の高いロケットとなりました。しかし、そのたった1回の失敗がJAXA発足直後に起こってしまい、1100億円をかけた情報収集衛星2機を搭載したロケットを、ミッション達成の見込みがないとして上空で爆破するという無残な結果となったのです。

さらにその翌月の2003年12月、火星探査機「のぞみ」の火星周回軌道への投入を断念することが決定されました。のぞみは1998年の打ち上げ後、地球重力圏離脱時に燃料供給系に不具合が発生してしまい、そのために火星への到達軌道を変更して、約4年遅れで火星近傍に到達しました。しかしその途中でもさまざまなトラブルに見舞われた結果、火星周回軌道に安全に投入することができないと判断され、そのまま火星をフライバイ（通過）することになったのです。

これらトリプルパンチのために、そもそも日本は宇宙開発を行なうべきなのかといった根本的な議論までされるような、大問題になってしまいました。世論も冷たく、JAXAとしてここから日本の宇宙開発をどう立て直していくのかが、大きな課題となったのです。

**「はやぶさ」ブームが日本の宇宙開発を救う**

そうした中、一筋の光をもたらしてくれたのが、小惑星探査機「はやぶさ」でした。2003年5月、JAXA統合前の宇宙研によってM-Vロケット5号機で打ち上げられたはやぶさは、2005年夏に小惑星イトカワに到着してその写真を撮り、さらにイトカワのサンプル採取にチャレンジしました。私は当時、はやぶさプロジェクトチームとしてイトカワ着陸（タッチダウン）の際に、管制室の様子をインターネット中継したり、ブログによる実況などを行なって、多くの方にはやぶさの活躍の様子を伝える努力をしました。

また2005年は、6号機の打ち上げ失敗によって止まっていたH－ⅡAロケットの打ち上げが再開された年でもありました。6号機の失敗の教訓を踏まえ、点検の強化などさまざまな工夫・対策を行なったことで、それ以降H－ⅡAロケットは1機の失敗も起こしていないという、世界にも非常に稀《まれ》なロケット開発史を進めることになったのです。

さらに2005年7月には、コロンビア号の事故後止まっていたスペースシャトルの打ち上げが再開され、その最初の飛行に宇宙飛行士の野口聡一《のぐちそういち》さんが搭乗して宇宙に向かいました。同月、2002年に打ち上げを失敗したX線観測衛星「すざく」がM－Vロケット6号機での打ち上げに成功しました。

このように2000年代半ば以降、一時期どん底だった宇宙開発の体制が戻りつつありました。同時にこの頃から、一般の方々の間でも宇宙開発というものが少しずつ身近なものとなっていったように思います。

2007年9月には、日本初の大型月探査機（月周回機）「かぐや」が打ち上げられました。かぐやには、14の観測機器が搭載され、月面の詳細な地図を作るなど多くの科学観測を行ないました。またハイビジョンカメラによって「地球の出《で》」を始めとする多くの映像を撮影することができました。当初予定の約1年間を超える観測の後、かぐやを月面に衝突させて探査を終了することとし、2009年6月11日に月の表側の南側に制御落下させて探査は終了しました。かぐやが取得したデータは一般公開されましたが、今も解析が続けられており、月の新たな事実がどんどん明らかになっています。

そして2010年6月13日22時51分、はやぶさが約7年間、60億キロメートルの宇宙の旅を終えて地球に帰還し、大気圏に再突入して探査機本体は燃え尽きました。はやぶさから分離された再突入カプセルは、オーストラリアのウーメラ砂漠で発見・回収されました。その後の解析により、カプセルの内部にはイトカワのサンプルが入っていることが確認されたのです。地球重力圏外にある天体の固体表面に着陸して、サンプルリターンを行なうことに、世界で初めて成功したのです。

ご存じのように、はやぶさの活躍とその帰還は、一大社会現象を巻き起こしました。映画が4本撮影され、本が40冊以上出版され、テレビのワイドショーのトップニュースでは

JAXA相模原キャンパスに展示されていた「はやぶさ」の実物大模型。(JAXA)

やぶさの話題が取り上げられ、再突入カプセルの展示にはのべ90万人が来訪したのです。

それまで宇宙開発といえば「失敗が多い」「お金の無駄遣い」「何をやっているのかわからない」というイメージでした。それが一変して、多くの日本人が宇宙開発というものを強く意識し、応援してもらえるようになるということを、はやぶさの帰還が成し遂げたといえるでしょう。同時に他の宇宙探査・宇宙開発における広報の取り組みや、日本人宇宙飛行士たちの活躍も、非常に大きな役割を果たしたと考えています。

## 宇宙基本法の制定で変わる宇宙開発の行方

その一方で、それまで宇宙科学の研究や新

技術の開発と実用化といった研究視点が主体で進められてきた日本の宇宙政策が、果たしてそれでいいのかという議論は、ＪＡＸＡ発足後も続いていました。宇宙開発技術は国として持っておくべき基幹技術であり、それならば国がもっと主導する形で技術開発や産業化をどんどん進めるべきではないかという声が、多く上がるようになったのです。

この流れを受けて２００８年に「宇宙基本法」が制定されました。これは非常に重要なポイントであり、日本がどういう目的で宇宙開発を行なうのか、何をしていくのかが法律で明記されるようになったのです。今までなら、研究者が学術的な関心から、言うなれば研究者個人の興味に基づいて、ロケットや人工衛星を飛ばしてきたものが、これからは国の事業の１つとして宇宙開発を行なうと位置付けられたのです。

また、従来は文部科学省が所管としていた宇宙開発を、将来的な産業化も目指して経済産業省や他の省庁とも組んで動けるように、内閣府に宇宙開発戦略本部が設けられて、ここが所管するように体制も変わりました。宇宙政策を担当する内閣府特命担当大臣も置かれ、日本は宇宙開発を国の政策として行なうという方針が強く打ち出されるようになったのです。このように、宇宙基本法が制定された２００８年は、日本の宇宙開発の基本が大きく変わった年だといえます。

宇宙基本法の第三条には、「宇宙開発利用は、国民生活の向上、安全で安心して暮らせる社会の形成、災害、貧困その他の人間の生存及び生活に対する様々な脅威の除去、国際社会の平和及び安全の確保並びに我が国の安全保障に資するよう行われなければならない」と書かれています。つまり技術開発ファーストではなくて、国民生活を向上させるために宇宙開発を行なうのだ、と宣言されているのです。そして第四条では産業振興のため、第五条では人類社会の発展のために、第六条では国際協力や外交などを通して国際社会における日本の利益の増進に資するように行なう、とあります。これらの条文は、日本が何のために宇宙開発をしているのか、という問いに対する1つの答えになっているのです。

このように明確にその目標が打ち出されたことで、宇宙開発に対する政府の取り組み方も大きく変わってくることになりました。

## 2010年代の日本の宇宙開発

はやぶさの帰還は2010年6月という2010年代の最初の年の出来事でしたが、これを受けて、はやぶさの後継機を開発しようという世論が沸き上がりました。研究者レベルではすでに、はやぶさ後継機についての計画や議論は進んでいたのですが、予算がまったくつかない状況が続きました。それに対して国民の皆さんが署名活動を行なうといった後押しをしてくださったこともあり、予算もついて、2014年12月に「はやぶさ2」がH－ⅡAロケットで打ち上げられました。

もう1つ、2010年頃から徐々に始まってきたのは、民間による宇宙開発です。宇宙基本法でも産業振興が謳われていましたが、民間においてロケットを作ろう、月に行ける探査機を作ろうといった動きが広がっていきました。2010年代半ばには、宇宙ベンチャー企業がかなりの数になってきたことで、国としてもそうした企業の支援を積極的に行なうようになっていきました。宇宙開発の担い手がJAXAだけではなくなり、民間のベンチャー企業に少しずつ移行していく時代になってきたのです。

一方で、宇宙基本法に基づいて、日本の宇宙政策の柱となる「宇宙基本計画」をほぼ5年ごとに策定していくのですが、この計画が徐々に安全保障寄りになっていきました。2015年に策定された新たな基本計画では、日本の宇宙開発の目的の最初に「宇宙安全保障の確保」が掲げられ、「宇宙空間の安定的利用の確保」「宇宙を活用した我が国の安全保障能力の強化」「宇宙協力を通じた日米同盟等の強化」が謳われたのです。

これまで、日本の宇宙開発は平和裏に行なうとされてきたわけですが、じつはこれに変化を起こした事件が、1998年の「テポドン・ショック」でした。北朝鮮が事前通告なく、弾道ミサイルであるテポドン1号を日本海に向けて発射し、第1段目は日本海に、第2段目は日本の上空を飛び越えて太平洋に落下したのです。

この事件を受けて、自民党の国会議員を中心として「日本も偵察衛星を持つべきではないか」という声が上がりました。しかし日本の宇宙開発が平和目的である以上、偵察衛星は所持できません。そこで宇宙開発の平和利用の原則をぎりぎりまで拡大解釈して、偵察衛星に相当するものをなんとか作った、これが「情報収集衛星」だったのです。

このように、日本の宇宙開発が平和裏に行なわれなければならないという原則と、一方で安全保障に関しても貢献を求められるという、宙ぶらりんの状態が1998年以来ずっと続いてきたのです。その間、世界情勢として中国の国力・兵力の増大や、北朝鮮の度重なる挑発といった流れを受けて、2010年代半ばになり、宇宙開発は安全保障のためにも貢献すべきではないか、という議論が起きました。それが宇宙基本計画改定で、安全保障の観点が日本の宇宙政策の最初に挙げられることにつながったと考えられます。

そして2010年代のこうした日本の宇宙開発の流れは、2020年代も基本的には続いていくだろうと思われます。2022年3月、航空自衛隊に「宇宙作戦群」という、スペースデブリや他国の人工衛星の監視などを目的とする部隊が新編されました。自衛隊が今後、本格的に宇宙開発に参入して、衛星を作って打ち上げるといったことを行なう可能性も、十分に考えられるのです。

もともとはアメリカの有人月探査計画だったアルテミス計画へ参入することを日本政府が決定したことも、日本がアメリカと緊密に連携していることが日米同盟に基づく安全保障の枠組みになっていることが、大きな理由です。日本は安全保障のために、アルテミス計画に参画したことは間違いありません。これはアルテミス合意に署名したすべての国も同様です。

そしてベンチャー企業が2020年代にさらに存在感を高め、JAXAと協力して宇宙開発事業を進めていくことでしょう。

## 日本の有人宇宙開発の歴史

ここまで、日本の宇宙開発の歴史をざっと紹介してきましたが、有人宇宙開発に関する話が抜けてしまいましたので、ここでお話しします。

日本の有人宇宙開発はもっぱら、アメリカのスペースシャトル計画や国際宇宙ステーション計画への参画という形で行なわれてきました。これまでに10人を超える日本人宇宙飛行士が誕生し、数々の実績を残してきました。彼らの活躍もまた、一般の人々に宇宙や宇宙開発を身近なものに感じさせ、日本の宇宙開発に対する理解や支援をもらう上で多大な役割を果たしてきました。

じつは日本は、自前の有人宇宙船を開発していないにもかかわらず、世界でも屈指の人数の宇宙飛行士を宇宙に送り込んできたという、非常に変わった国です。これは、宇宙開発において日本がアメリカと緊密に連携・協力してきたことによる、非常に大きな側面だといえるでしょう。

日本人宇宙飛行士の第1世代である毛利さん、向井さん、土井さんの各宇宙飛行士は当初、スペースシャトルの「ペイロードスペシャリスト（PS）」という資格を取得し、任務を行ないました。PSは宇宙実験などを行ないますが、スペースシャトルのシステム運用には関与しない、ある意味で「お客さん」のような立場でした。

一方、野口聡一さんなど第2世代以降の日本人宇宙飛行士は「ミッションスペシャリスト（MS）」の資格を最初から取得しました（毛利さんと土井さんは後から取得）。MSはスペースシャトルの運用全般を担当し、船外活動（宇宙遊泳）やロボットアームの操作なども行なうことができ、ＮＡＳＡの宇宙飛行士として扱われます。ＭＳ資格を得た日本人宇宙飛行士が増え、その活躍の幅を広げていくことで、日本は着実に有人宇宙開発のノウハウを得ていったのです。

２０００年代半ば以降、国際宇宙ステーションの建設・運用に日本人宇宙飛行士が大活躍しました。そして２００９年に完成したのが、日本独自の宇宙実験棟「きぼう」です。宇宙飛行士が長期間活動できる、日本初の有人宇宙施設で、国際宇宙ステーションで最大の大きさを誇ります。その広さや使いやすさ、快適さなどから、海外からも日本の有人宇宙技術に対して高い評価を得ています。

また、国際宇宙ステーションへの補給を行なう無人の宇宙補給機「こうのとり（ＨＴＶ：H-II Transfer Vehicle）」も、ＪＡＸＡが開発し、国内の多くのメーカーが製造に参加しました。最大約6トンという大量の物資を、国際宇宙ステーションに届けることができます。２０１1年1月から２０２0年5月まで、合計8回の補給を実施しました。こうのとりの運用は終わっており、現在、これをベースにしたＨＴＶ－Ｘという進化型の補給機の開発が始まっています。これは、月上空に将来建設される予定のゲートウェイへの補給も念頭に置いた設計がなされています。

このように、有人宇宙開発のさまざまな分野で日本は大活躍していますが、私は少しだけ「不満」があります。これについては、第6章でお話ししましょう。

第4章

# 宇宙開発は民間が主役へ

## 「オールドスペース」から「ニュースペース」へ

ここまでも、宇宙ベンチャーなど民間の手による宇宙開発の話題に触れていますが、本章では、最新情報も含めて詳しくお話ししましょう。

民間企業が宇宙開発に携わるようになったのは、何も近年に限ったことではありません。たとえば日本では、かつての宇宙研やNASDAがロケットや探査機を開発・製造する際、実際に作っていたのは三菱重工業や日本電気（NEC）といったメーカー、つまり民間企業でした。アメリカでは、ボーイングやロッキード（現ロッキード・マーティン）などがそうです。こういった大企業が、国から大型の宇宙開発プロジェクトを受託して、それを社内に展開して大規模に進めるといった形で宇宙開発に携わってきたのです。こうした伝統的な宇宙開発企業のことを、あるいはこうした企業が政府系機関とともに進めてきた従来型の宇宙開発のことを「オールドスペース」といいます。まさに古い宇宙企業ということです。

オールドスペースは、大型のロケットや衛星の開発・製造を受託して、大きなプロジェクトを進めることは得意です。しかしその代償として、どうしてもプロジェクト自体がどんどん巨大化し、長期化していく傾向があります。お金も当然かかります。そのために宇宙開発というのは小回りが利かず、巨額の費用がかかり、それゆえ失敗すると取り返しがつかないし、途中で後戻りもできない、といったことが続いてきたのです。

ところが1990年代に入ると、宇宙開発の技術に革新がもたらされます。従来よりもはるかに小型の部品などで衛星を作ることができるようになり、衛星やロケットの小型化が進められたのです。それが第2章でも紹介した、90年代のNASAの宇宙探査を象徴する言葉「Faster-Better-Cheaper」、つまり「早い、うまい（良い）、安い」です。小型の部品を使って設計をシンプルにすることによって、早期に設計や開発ができるという「早い」。小型の探査機なので全体的に安上がりになり、しかも使う部品は宇宙用の特別なものでもないので「安い」。早くて安いので結果的に、ミッション自体が得る成果が大きくなる、という費用対効果で「うまい（良い）」ということです。

従来の大きな衛星では、打ち上げる機会がなかなかないために、多くの機能を詰め込んだ大型のセンサーをいくつも載せて打ち上げる、ということが多かったのです。しかしそうではなくて、「小型衛星」や「超小型衛星」といわれるものに、1つか2つのセンサーだけを組み込んで単機能のものを作るのです。それをたくさん作って大量に打ち上げたり、新たな探査機を次々に打ち上げたりすることで、機能を補完するというやり方がとれるようになりました。その結果、開発サイクルがどんどん短くなり、また、打ち上げに要する資金が安くなっていきます。そうなると、巨大企業でなくてもロケットの打ち上げや衛星の開発ができるようになってきたのです。

こうした背景から、欧米では2000年頃を境にして、新たに宇宙開発事業に参入するベンチャー企業が増えてきました。こうした新参入のプレイヤーのことを、オールドスペースに対して「ニュースペース」といいます。本章で紹介するのはおもに、このニュースペースの話題です。

## ニュースペースの代表格・スペースX

ニュースペースの代表格かつ成功株は、やはりスペースXでしょう。正式な名称はスペース・エクスプロレーション・テクノロジーズ（Space Exploration Technologies Corp.）といいます。今をときめくアメリカの実業家イーロン・マスクが2002年に設立しました。ちなみに電気自動車メーカーのテスラを彼が共同で立ち上げたのは、翌2003年です。

設立から6年後の2008年には、自前のロケットである小型ロケット「ファルコン1」の打ち上げに成功します。そして2010年には現行の中型ロケット「ファルコン

9」の打ち上げに成功、と10年経たずして宇宙への進出を果たします。さらに国際宇宙ステーションへの物資輸送のための無人宇宙船「ドラゴン」の開発を進め、2012年に初の補給フライトが実施されてドッキングに成功しました。国際宇宙ステーションに滞在中の星出《ほしで》彰彦《あきひこ》宇宙飛行士がロボットアーム操作でドラゴンを回収したことでも話題になりました。国際宇宙ステーションへの物資補給を、民間企業として初めて実施したのです。

そして2020年5月には、ついに有人宇宙船「クルードラゴン（ドラゴン2とも）」のテスト打ち上げに成功しました。アメリカにとってスペースシャトル退役後初となる、約10年ぶりの有人宇宙飛行です。同年11月の最初の実運用有人飛行では、野口聡一さんら4人の宇宙飛行士を国際宇宙ステーションに輸送することに成功しました。

2022年でまだ創業20年の企業にもかかわらず、オールドスペースとして名を馳せるボーイングやロッキード・マーティンと互角以上に闘っているのですから、まさに快進撃というしかありません。驚くべきスピードで成果を挙げてきた理由の1つは、オールドスペースのように大規模に人間を集めることはせず、少人数でそれぞれの人に責任を持たせ、とにかく高速でプロジェクトを回していくスピード重視、かつリターン重視という手法が成功したとされています。

とはいえスペースXも順風満帆《じゅんぷうまんぱん》だったわけではなく、ファルコン1ロケットの軌道投入失敗が続き、4回目でようやく成功した2008年には破綻寸前に追い込まれるようなこともありました。それを乗り越えたのは、鬼才マスク氏の強いリーダーシップも非常に大きかったでしょうが、加えてNASAが側面から支援をしてきたことも見逃せません。

そもそもスペースXがロケットを開発できたのは、NASAが2006年から始めたCOTS（Commercial Orbital Transportation Services：商業軌道輸送サービス）というプログラムに選定されたおかげでもあります。COTSはNASAが民間企業とのパートナーシップで、国際宇宙ステーションなどへの輸送サービスを行なうロケットを開発しようというプログラムです。これはNASAがスペースシャトルの失敗を踏まえて打ち出したものでした。スペースシャトルはNASAが主導権を持って開発しましたが、巨大な組織ゆえに決定に時間がかかったり、どうしても保守的な設計になったりするという弊害が生じました。その結果、21世紀に入っても1970年代の宇宙船の技術をまだ使っているような状況に陥ったのです。そうしたことを避けるために、民間企業への資金提供を積極的に行ない、最新の技術を宇宙開発に活用するように考えたものが、COTSだったのです。

## 宇宙開発にも「官から民へ」の流れ

そうした意味では、スペースXなどニュースペースの躍進は、彼らが独力で（民間資金だけで）オールドスペースの牙城を脅かしというわけではありません。むしろ、それまで宇宙開発を独占してきた国が積極的に民間を招き入れた、つまり「官から民へ」という政策の中で行なわれてきたものだといえます。

１９８０年代くらいから、世界的な「官から民へ」の流れ、つまりそれまで国や政府が担ってきた分野を民間へ渡していくことが進んでいきました。たとえばイギリスではサッチャー政権が、ロールス・ロイスやブリティッシュ・エアウェイズといった国営企業を民営化しました。自動車産業や航空産業などは国の基幹産業だから、国が持っているべきだという従来の考え方を変えて、どんどん民営化していったのです。それからアメリカでは、レーガン政権による「レーガノミクス」と呼ばれた経済政策の中で、規制の撤廃と緩和による強烈な自由競争の促進が行なわれました。その前のカーター政権の頃から、航空自由化という形で一部実現はしていましたが、自由化と減税という形で民間の力を最大に生かすことが強力に進められたのです。そして日本でも、電電公社（日本電信電話公社、現在のＮＴＴグループ）の民営化や国鉄（現在のＪＲグループ）の分割民営化といった形で、公企業の民営化が実施されました。こうした流れの大きな動機付けは、民間のほうが競争原理も働き、自由度も高く、さらに国がいつまでも基幹事業を握り続ける必要はない、ということでした。

宇宙開発についても、宇宙産業はもともと軍事と結びついていたため、そのノウハウは国が持っていないといけないというのが従来の考え方でした。しかし80年代末から90年代初めにかけて東西冷戦が終結するという世界情勢の中で、宇宙産業といえどもすべて国が握らなくてもよいのではないか、むしろそうした技術を民間で活用してお金を稼いだほうが国の経済にも貢献する、といった考え方が増えてきました。これが、宇宙開発にも官から民への流れが押し寄せることになった背景だと思われます。

## スペースXと激しいさや当てを行なうブルーオリジン

スペースXと同様に、ロケットや宇宙船を作っているライバル企業がブルーオリジン(Blue Origin, LLC)です。アマゾン・ドット・コムの設立者である実業家ジェフ・ベゾスが設立した企業ですが、誕生はスペースXよりも少し早く、2000年です。民間資本で有人宇宙飛行を行ない、いわゆる宇宙旅行を安く実現することを目指しています。

スペースXが快進撃を続けているのに対して、ブルーオリジンは正直、遅れ気味という感じがします。ただし、ブルーオリジンはどちらかというと「ゆっくりと着実に技術を開発する」ことを目指しているようであり、その意味では、遅く見えるのは必ずしも悪いことではなく、信頼性を高めるためのアプローチの仕方の違いとも思います。

現在、ブルーオリジンが開発を進めているのは、「ニューシェパード」という名前の、弾道飛行用の有人宇宙船（有人宇宙飛行システム）です。アメリカ初の宇宙飛行士アラン・シェパードの名前にちなんで命名されました。乗客6人を乗せる乗員カプセルにロケット動力推進モジュールがついていて、これを高度100キロメートルまで打ち上げます。飛行中に乗員カプセルと推進モジュールは分離され、推進モジュールは地球に自動的に着陸します。一方、乗員カプセルは弾道飛行による宇宙旅行を行ない、最後はパラシュートで降下して地上に戻ってきます。乗員カプセルも推進モジュールも回収されて再使用されます。このように「宇宙（＝高度100キロメートル以上）にとりあえず行ける」ことを目指して作られたもので、1回の飛行時間は10分から15分とされています。

2021年7月、ニューシェパードはついに、初の有人宇宙飛行に成功しました。ベゾスと彼の弟など4人が搭乗しました。2006年に試験機の初飛行を行なってから15年という歳月をかけての開発成功ということで、ベンチャー企業にしてはステップを踏みすぎ、という気がしないもはありません。でもそれだけ、安全性を重視して開発を続けてきたということでしょう。実際、その後もニューシェパードは有人宇宙飛行を続け、2022年4月には4回目の飛行も成功し、着実に実績を積み上げています。

そしてブルーオリジンが次に目指しているのが、「ニューグレン」という大型の再使用ロケットの開発です。しかしこちらも大幅に遅れていて、もともとは2019年に打ち上げの予定が、まだ全然進んでいないようです。この点でも、スペースXには大きく水をあけられています。

2021年、NASAはアルテミス計画での月面着陸船を開発する企業として、スペースXを選定しました。これに対してブルーオリジンは、月面着陸船の製造をスペースXに対して独占的に発注したことが不当だとして、NASAを相手取って訴訟を起こしたのです。結局、この訴訟は裁判所で斥《しりぞ》けられたのですが、それに7ヵ月かかったことでアルテミス計画の進捗が遅れたと、NASAは主張しているようです。本当にそれが遅れの原因かはわかりませんが、いずれにしてもニュースペース同士でも激しいさや当てが起きているのが現状です。

## 冒険家ブランソンが率いるヴァージン・ギャラクティック

純民間資金での有人宇宙飛行に成功したニュースペースとして、ヴァージン・ギャラクティック（Virgin Galactic）に触れないわけにはいきません。イギリスの多国籍企業ヴァージン・グループを率いる実業家リチャード・ブランソンが２００４年に設立した会社です。

この会社が運用している有人宇宙船「スペースシップツー（SpaceShipTwo）」は、ロケットなどで垂直打ち上げを行なうのではなくて、「ホワイトナイト」という母船に乗って離陸して、その母船から発射されることで一気に宇宙へ向かうという、独特のスタイル（スペースプレーン型）で宇宙飛行を行ないます。２０１４年に試験飛行中に墜落事故を起こして、１名の死者を出すということがあり、１号機が失われて、現在は2号機だけが運用されています。２０１８年に2号機がパイロット２人を搭乗させて高度82・７キロメートルに到達し、初の有人宇宙飛行を実現しました。米軍などは高度50マイル（約80キロメートル）以上を宇宙と規定しており、スペースシップツーはこれを超えたことで宇宙飛行を実現したとしています。

スペースシップツーの前身であるスペースシップワンは、スケールド・コンポジッツという企業が開発し、「アンサリ・Xプライズ（Ansari X Prize）」という純民間資金による最初の有人弾道宇宙飛行を競うコンテストで優勝（条件達成）した機体です。ヴァージン・ギャラクティックはスペースシップツーを買い取って（形態としてはスケールド・コンポジッツとのジョイントベンチャー）、開発を続けてきています。

そもそもヴァージン・グループは、創業者のブランソンが１９８４年にイギリスでヴァージン・アトランティック航空を設立し、既存の航空産業に殴り込みをかけるところから事実上スタートしています。競争原理が働いていない、既得権益に守られた業界に突如参入して、新しいプレイヤーとして名声を博すというのが、ヴァージン・グループの得意技です。宇宙開発への参入も、オールドスペースが独占していた分野に、スペースプレーンという新しいシステムで参入を図るという点で共通しています。ブランソン自身が冒険家で、熱気球で世界一周飛行をしたり、潜水艇で深海探査を目指したりなど、個性溢れる魅力的な人物のようです。

## 世界を動かす衛星写真ビジネスの隆盛

ここまで紹介してきたのは、ロケットや輸送システムなどで名前が挙がる企業ですが、宇宙ベンチャーにはそれ以外の事業を行なうところがたくさんあります。中でも多いのは、衛星写真をビジネスにする企業です。

たとえば、中国やロシアのような、実情が表に出にくい国の経済状況を、鉄道の貨物輸送がどれくらいあったか、原油タンクの「浮き屋根」がどのように上下したかなどを衛星写真のデータから解析することで推定できます。原油タンクの屋根は固定式ではなく、原油の上に浮いているので、原油タンクを上から観察すると、石油タンクの壁面の影の大きさから浮き屋根の高さがわかり、そこから原油タンクの残量などが推定できるのです。

最近のロシアによるウクライナ侵攻では、アメリカの宇宙企業マクサー・テクノロジーズ（Maxar Technologies Inc.）が撮影した衛星写真も有名になりました。ロシア軍の車列や、爆撃されたウクライナの街の様子などが、衛星写真で鮮明に映し出されています。

元ＮＡＳＡの開発者たちが作ったプラネット・ラブズ（Planet Labs PBC）も、衛星写真サービスを提供している企業です。現行１５０個の衛星を軌道上に配して、ほぼ地球上のどこも撮影範囲内に入れることができると謳っています。しかも解像度は1メートル以下という、高解像度の画像を提供しているとのことです。小さな衛星を大量に打ち上げて地球上のあらゆる写真を撮りまくるというのは、まさにニュースペースの考え方を体現したものといえます。

従来は、高解像度の衛星画像はいわゆる偵察衛星で撮影されたもので、それは国家機密であり、国家の意思決定などに使われていたものでした。ところが今や、お金さえ払えば、我々民間人でもそれを入手できる時代になったのです。「今、ロシア軍の車列がウクライナのここにいます」などといった情報を、民間のテレビ局がニュース番組で流せるのですから、これはすごいことです。

企業の意思決定にも、こうした情報が影響を与えるようになってきています。たとえば自分の会社が中国に工場を持っていて、2つめを作りたいと考えて、今後の中国の経済状況を予測したい時に、中国政府が発表している統計資料だけではなくて、衛星写真会社の画像やデータを買って経済分析を行なうことができれば、非常に有利になります。実際、新型コロナウイルス発生時の中国・武漢《ぶかん》の様子が衛星写真で撮影されて、外に出ている人や道路上の車などの数がどのくらい減っているか、といった様子から、感染拡大の状況を把握するといったことも行なわれました。

かつて、冷戦を終結させた1つの大きな要因として、衛星放送によって西側の情報を東側の人たちも見ることができるようになったことも挙げられています。こうした「情報の民主化」が、ロシアや中国といった強権主義の国を突き崩していくことになっていくのかもしれません。今後は宇宙ベンチャー企業の活動が、政治的な意味でも重要なポイントになっていくともいえます。

## 衛星インターネット事業がもたらす「情報の民主化」

スペースXが運用している、人工衛星を使ったインターネットアクセスサービス「スターリンク」も、政治的な意味合いを持つようになっています。スペースXは2020年代中頃までに、約1万2000基の人工衛星を打ち上げて、世界中どこからでもインターネットに接続できるようにする計画を掲げています。ブルーオリジンも同様の衛星インターネット事業「プロジェクト・カイパー」で、3000基以上の衛星を配備する計画です。

こうした衛星通信サービスの発想は昔からあり、古いものでは「イリジウム」という衛星電話・衛星インターネット接続サービスが1990年代末にありました。しかし当時の技術では、基幹システムなどが非常に重かったこともあり、とても収益を上げられるようなものではなく、短期間で事業を終えることになりました。一方、現在の技術では低価格の超小型衛星を大量に打ち上げることが可能であり、それをスペースXのように打ち上げの技術を持つ会社が自ら行なうので、イリジウムの当時とはかなり状況が異なるのです。

スターリンクの威力を世界に知らしめたのは、ロシアがウクライナへ侵攻して間もない2022年2月末のことでした。ロシア軍がウクライナの通信網を攻撃すると、ウクライナの副首相がツイッターでマスク氏に、スターリンクのサービス提供を要請しました。するとわずか10時間後に、マスク氏は「スターリンクのサービスをすでにウクライナで始めた。さらなる受信機が現地に向かっている」とツイートしたのです。

このスピード感たるや、やはりイーロン・マスクは違う、ニュースペースは違うと感じさせるものでした。もしもウクライナから要請を受けたのがNASAだったら、そもそもこれは政治目的として正しいのか、というところから議論が始まり、次に議会に諮《はか》って、などとやっているうちに戦争が終わるか、ウクライナが負けるか、だったでしょう。しかし同じことを民間企業がやると、10時間で解決してしまうのです。

とはいえ、今回の迅速なサービス提供は、ウクライナからスペースXにスターリンク提供の要請が数ヵ月前から行なわれていた（おもに地方におけるインターネット接続性を向上させるため）ことも大きいそうです。また、戦争中に端末を輸送する際にはアメリカ政府の支援もあったとのことで、マスク氏が独断でウクライナ支援を行なったわけでもないでしょう。それにしても、戦争の行方に関わる行為を一民間人が10時間で決定・実施できるというのは、民間企業のフットワークの軽さを示す、象徴的な出来事だったといえます。

## 日本でも宇宙ベンチャー誕生の動き

日本の宇宙ベンチャー企業の話に移りましょう。

宇宙開発の分野に限りませんが、日本にはアメリカや中国に比べて優れたベンチャー企業が少ないということは、多くの人が指摘しています。日本ではベンチャー企業に対する資金提供が少ない（ベンチャー・キャピタルが育っていない、エンジェル投資家がいない、など）、スタートアップ企業の出口がＩＰＯ（新規株式上場）に限られてＭ＆Ａによる買収が少ない、といった問題点がよく挙げられます。さらに「出る杭《くい》は打たれる」、つまり業界の横並び意識が強く、新規参入者を歓迎しない雰囲気や、一度挑戦して失敗すると徹底的に叩かれて再挑戦を許されないといった日本の風土の影響も指摘されます。

しかし近年、そうした状況にも変化が見られます。とくに若い人を中心に、リスクをとってベンチャー企業を立ち上げるという動きが出てきていますし、日本の伝統的な風土も変わってきて、そうした挑戦者を好意的に受け入れるような雰囲気が醸成されつつあります。さらに、そうした動きを政府や公的セクターも後押ししようとしています。

たとえば政府系金融機関の日本政策投資銀行などがベンチャー企業に対して大規模融資を次々に行なっています。既存の大企業も、ベンチャー企業の育成・支援に積極的で、投資や人材の派遣、共同出資、共同プロジェクトの立ち上げなどを行なっています。大企業がバックについていることで信用力が担保され、資金調達も容易になるというメリットもあります。

私が個人的に見ていて、2010年代半ば頃から、宇宙ベンチャーに注目が集まり、メディアでの露出も始まったように思います。近年はその数も非常に増えて、以前は「宇宙ベンチャーといえば、ここところここ」というように数えられていたものが、今では100社を超えているかもしれません。

これらをすべて挙げていくわけにもいきませんので、世間から大きな注目を集めている企業や、私が注目している企業をいくつか紹介しましょう。

## 月への物資輸送サービスを目指すアイスペース

最初に挙げるのは、第1章でも紹介した、民間月探査を目指すアイスペース（ispace）

です。この企業はもともと、「グーグル・ルナ・Xプライズ（Google Lunar X Prize）」という、民間資本による初の無人月面探査を競うコンテストに参加したグループが母体となって成長してきたものです。

Xプライズ財団は、人類のための根本的なブレークスルーをもたらすことで新たな産業の創出と市場の再活性化を目指して、さまざまな分野のコンテストを実施している財団です。「アンサリ・Xプライズ」で民間による最初の有人弾道宇宙飛行を競うコンテストを実施した後、グーグルをスポンサーにして始められたのが、グーグル・ルナ・Xプライズでした。しかし「月面に無人探査機を着陸させ、着陸地点から500メートル以上走行し、画像データを地球に送信する」というミッションを誰も達成できないまま、2018年にコンテストは終了しました。ちなみに現在、イーロン・マスクがスポンサーとなって、大気中や海中などから二酸化炭素を回収する技術を競うコンテスト「Xプライズ・カーボン・リムーバル」などが実施中です。

第1章で紹介したように、アイスペースは現在、民間初となる月面探査プログラム「HAKUTO-R（ハクトアール）」を進めています。2022年末にも行なわれる予定のミッション1では月着陸機を、2024年実施とアナウンスされているミッション2では月着陸機と独自のローバーを月面に送る計画になっています。月への物資輸送サービスを確立することが、彼らのビジネスモデルと思われます。

アイスペースの大きなポイントは、グーグル・ルナ・Xプライズ参加を知名度向上にうまく活用して、多くの企業からの支援を得るという、ベンチャー企業にとって一番大変なステップをくぐり抜けてきた点にあるかと思います。HAKUTO-Rには、技術面でのサポートという形で参画している企業もあれば、資金提供を行なう企業もあり、さらにTBSのようにメディアパートナーという形で加わっているところもあります。もっとも理想的なベンチャーの進み方をしている企業が、アイスペースだといえるでしょう。

## 「ホリエモンロケット」のインターステラテクノロジズ

2つめのベンチャーは、小型ロケットの開発を北海道で行なっているインターステラテクノロジズです。「ホリエモンロケット」を開発している会社だといえば、ご存じの方も多いでしょう。スポンサーは堀江貴文《ほりえたかふみ》さんですが、ロケットの開発は「ロケットオタク」といっていい稲川貴大《いながわたかひろ》さんがずっと率いてきた企業です。もともとは、宇宙が好きなSF作家や漫画家たちが集まって、「俺たちも宇宙ロケットの打ち上げをやってみようじゃないか」と結成された「なつのロケット団」というグループが始まりです。その思いを汲み取った堀江さんが資金を提供して、ロケットの開発という形に進んでいったという、非常にユニークな経緯を持つ会社です。

インターステラテクノロジズでは「MOMO」という商業ロケットの開発を行なっていました。大変な苦労を重ねた末に、2019年にMOMO3号機が上空100キロメートル以上に到達することに成功しました。これは日本の民間ロケットとしては初めて宇宙空間に到達したことになります。現在は、超小型衛星を地球周回軌道まで運べる大型ロケット「ZERO」の開発を進めています。

ロケットの開発や製造、打ち上げは、北海道十勝《とかち》地方の南にある大樹《たいき》町で行なわれ、本社も大樹町に置かれているという地域密着型の企業でもあります。大樹町は「宇宙のまちづくり」を掲げていて、JAXAの大樹航空宇宙実験場が町内に置かれるなど、宇宙分野の実験や飛行試験を積極的に誘致しています。

ちなみに宇宙開発を通した地域活性化の例としては、小型人工衛星の打ち上げを行なうヴァージン・オービットが、大分空港を「宇宙港」として活用するというものがあります。ヴァージン・グループのヴァージン・オービットは、ヴァージン・アトランティック航空の引退したボーイング７４７－４００を改修し、翼の下にロケットを吊り下げて、離陸後に７４７－４００から空中でロケットを水平発射するというユニークな方式で人工衛星を打ち上げます。そのため、３０００メートルという長い滑走路を持つ大分空港が「水平型宇宙港」として、アジアで初めて選定されたのです。

初の衛星打ち上げはまだですが、大分県はすでに「宇宙のオンセン県オオイタ」と銘打ったＰＲを始めています。たとえば、自分を「宇宙人」だと名乗った人に対して温泉入浴料を割引するといった、ユニークなサービスが行なわれているそうです。

他にも、スペースワンという宇宙ベンチャーが、和歌山県の串本町《くしもと》にロケット射場を建設していて、これを核とした街作り・地域活性化が進められようとしています。

## 宇宙ゴミの除去を目指すアストロスケール

３つめの注目すべき宇宙ベンチャーは、アストロスケールです。ここは「スペースデブリ」の除去という壮大なミッションの実現を目指して設立された企業です。私の知る限り、宇宙ゴミの除去をメインのビジネスとして行なう民間企業としては、現在おそらく世界で唯一の存在です。

スペースデブリは、地球周回軌道上にある不用な人工物体のことです。運用を終えたり故障したりした人工衛星や打ち上げロケットの上段、そしてそれらの破片などがあります。10センチメートル以上の物体で約3万6000個、1センチメートル以上は100万個、1ミリメートル以上になると1億3000万個を超えるとされています。これらは宇宙空間で、秒速8キロメートルほどの速さで飛び回っているので、小さなデブリであっても非常に危険です。この問題を放置し続ければ、将来の宇宙開発・宇宙活動の妨げになることはたびたび指摘されてきました。

しかし、道に落ちているゴミを拾うのとは違い、ライフル銃の弾（秒速1キロメートルくらい）よりはるかに速く飛び回るデブリを捕まえるのは容易ではありません。下手に捕まえようとしてこれを壊してしまうと、1個のゴミが100個に増えて宇宙を飛び回るといったことにもなります。そこで、安全かつ確実にデブリを除去するための技術開発をしているのが、アストロスケールです。

アストロスケールは2021年3月に、デブリ除去技術実証衛星「ELSA-d（エルサ・ディー）」をカザフスタンのバイコヌール基地から打ち上げました。そして2022年5月、デブリに見立てたターゲットに対して約160メートルまで近づくなどの、デブリ除去のためのコア技術を実証することに成功したと発表しました。今後は、軌道上で役目を終えた複数の人工衛星を除去する衛星「ELSA-M（エルサ・エム）」の設計・開発を進めていくことを明らかにしています。

ちなみにアストロスケールの創業者兼CEOの岡田光信《おかだみつのぶ》さんは、もともと大蔵省（現財務省）の主計局にいて、そこからマッキンゼー・アンド・カンパニーに行き、さまざまな事業を創業した後、アストロスケールを作ったという、これまたおもしろい経歴を持つ方です。アイスペースやインターステラテクノロジズは「宇宙オタク」のような人たちが設立したのに対して、アストロスケールは企業コンサルティングの経験も豊富な、経営のプロが、宇宙開発に対して問題意識を持って起業したという点が特徴的です。

## 「人工流れ星」でエンタメとサイエンスの両立を目指すエール

4つめに紹介したいのは、エール（ALE）です。この会社も非常にユニークで、「人工流れ星」をビジネスにしようとしています。独自に開発した人工衛星から、人工流れ星の素《もと》となる粒を加速して放出します。粒が大気圏で再突入して発光すると、地上からは流れ星として見えるのです。

かつてアメリカが科学実験として、人工流れ星を作ろうとしたことはあったそうですが、エールはこれをエンタメとして初めて実現しようとしています。代表の岡島礼奈《おかじまれな》さんは、東京大学で天文学を学び、天文学で博士号を取った後で、外資系の証券会社に入社したという異色の経歴の持ち主です。以前からの夢だった人工流れ星ビジネスを実現すべく証券会社を退職してエールを起業し、「エンタメとサイエンスの両立」を目指して奮闘されています。

人工流れ星の粒は、秒速8キロメートルほどで流れます。天然の流れ星は秒速十数キロメートルから100キロメートルともっと速いので、目に見えるのは「ヒュッ！」と一瞬です。一方、人工流れ星はゆっくり「スーッ」と流れるので、願い事を3回唱える時間もありそうです。人工流れ星ならではの、まさにシャワーのように降り注ぐ流星雨を作り出すことも可能で、各種イベントなどでの利用が期待されています。

エールは2019年12月に打ち上げた人工衛星2号機で、人工流れ星を実現しようとしていましたが、粒の放出装置に不具合が生じてうまくいきませんでした。現在、開発中の3号機で2023年初期の実現に挑戦しています。

ところで、一時期メディアで人工流れ星のことがよく取り上げられたので、エールといえば人工流れ星の会社というイメージが強くなっているのかもしれません。しかし、最近のエールは人工流れ星以外にも、よりサイエンスに近い方面にも活動範囲を広げようとしています。というのも、エールは人工流れ星の研究過程で、地球の中層大気のデータを取得し、これを気候変動や異常気象を解明するために利用することを当初から考えていたのです。

２０２１年９月、エールは新プロジェクト「アイテール（AETHER）」を発表しました。これは超小型衛星の活用によって、自然災害の被害低減を目指すという産学連携プロジェクトです。理化学研究所や国立天文台、ＮＴＴなどと協力して超気象小型衛星を開発し、５年以内に宇宙実証を行ない、気象サービスの提供につなげることを目標にしています。またエールは、東京海上日動火災保険との協業でスペースデブリ対策にも取り組もうとするなど、新たな事業展開も目指しています。そんなエールには、私のＪＡＸＡ時代の同僚も在籍していたり、エールと共同研究をしている仲間もいるなど、個人的にも非常に注目している宇宙ベンチャーです。エンタメとサイエンスの両立を目指すエールの活躍に期待しています。

## 革新的有人宇宙船メーカーから宇宙商社まで

魅力的な日本の宇宙ベンチャーは、挙げればきりがないのですが、紙幅の都合で、後は簡単にいくつか紹介します。

名古屋に本社を置くPDエアロスペースは、実現不可能といわれてきた「パルス・デトネーション・エンジン（PDE）」で有人宇宙船（宇宙機）を作ろうとしている会社です。PDEは、航空機のジェットエンジンと、ロケットのロケットエンジンを、1台のエンジンでまかなうものです。空気のある高度15キロメートルまでは「ジェット燃焼モード」で飛び、高度15キロメートル以上は「ロケット燃焼モード」で上昇し、高度100キロメートル以上の宇宙空間へ到達できる宇宙機の開発を目指しています。また、沖縄県宮古島《みやこじま》市の下地島《しもじしま》を宇宙港として活用していく事業もスタートさせています。

宇宙機の開発を行なう会社としては他にも、スペースウォーカー（SPACE WALKER）があります。ここは九州工業大学の有翼ロケットプロジェクトがルーツの会社で、日本ロケット協会が1993年に提唱した、宇宙旅行用の宇宙船「観光丸」を作ろうという構想を受け継いでいます。科学実験用機体や小型衛星打ち上げ用の機体を開発した後、2030年には、パイロット2名、乗客6名が高度120キロメートルを往復する宇宙旅行用の機体を打ち上げることを目指しています。

少し変わった宇宙ベンチャーとしては、スペースBDという会社があります。ここは宇宙産業における総合的なサービスを提供する「宇宙商社」を標榜《ひょうぼう》しています。たとえば衛星の打ち上げや宇宙空間での実証実験を行ないたいと考える顧客に対して、最適なプランを提示し、技術調整から打ち上げ実現、運用支援までをトータルでサポートします。また、宇宙関連機器の輸出入を含めた調達サービスを提供したり、JAXAやNASAで使用されてきた宇宙飛行士訓練プログラムを分析して、学校教育や企業研修などに利用できる教育プログラムの開発も行なっています。

## 宇宙ベンチャーも淘汰の時代へ

このように、宇宙開発を民間が主導するともいえる時代が到来しているわけですが、一方で私としては、これがいわゆる「バブル」になっていないか、という懸念も抱いています。

ニュースペースであれ、オールドスペースであれ、ビジネスである以上、激しい競争があり、その結果、倒産する企業も現れます。今のところ、日本の宇宙ベンチャーは注目され、お金も集まっているので、簡単には破綻しないでしょう。一方、アメリカではすでに宇宙関連企業の破綻が起こっています。

大きなところでは、宇宙ホテルの建設を目指していたビゲロー・エアロスペース（Bigelow Aerospace）です。ホテル王のロバート・ビゲロー氏が作った会社で、1999年設立の、ニュースペースの中では老舗《しにせ》ともいえる存在でした。しかし2020年に従業員全員を解雇するという、衝撃的な事態が発生しました。新型コロナウイルスのパンデミックの影響が理由とされていますが、最近のNASAとの契約状況を見ると、以前から資金繰りに苦労していたのではないかともいわれています。

ちなみに宇宙ホテルに関しては、後発のアクシオン・スペース（Axiom Space）という会社のほうが、現状では優勢です。2024年には、現在の国際宇宙ステーションに接続させる自社の商用モジュールを打ち上げ、民間宇宙旅行者の滞在に利用したり、微小重力環境を利用した新技術の開発や製品の製造などにも利用することを目指しています。国際宇宙ステーションは2030年で運用中止になり、廃棄されますが、その際にはアクシオン・スペースのモジュールは分離されて、ソーラーパネルを備えた発電モジュールなどを追加して、「アクシオン・ステーション」という民間独自の宇宙滞在施設として稼働させることも計画しています。

それから有名なところでは、衛星通信会社のワンウェブ（OneWeb）が２０２０年３月に倒産しました。倒産後、イギリス政府などが主導するコンソーシアムによる買収が発表され、経営再建が図られているようです。ソフトバンクが破綻前のワンウェブに出資していた（２０２１年に再出資）こともあり、日本でも話題になりました。

そして２０２２年３月、ワンウェブがソユーズロケットで打ち上げる予定だった通信衛星が、ロシアの打ち上げ拒否に遭うという事件が起こりました。ウクライナ危機の影響によるものであって、地球上の出来事が宇宙ビジネスにも影響を与える構図は、新型コロナウイルスのパンデミックによって全従業員を解雇したとされるビゲロー・エアロスペースと同じです。

また、「官から民へ」という言葉に代表される、１９８０年代から続いてきた新自由主義という大きな流れの中で、宇宙開発についても民間企業の参入が続いてきました。しかし近年は、この新自由主義があまりに行き過ぎたものになっている、という論調が目立ってきています。貧富の格差の拡大、際限のない競争による疲弊、短期的な利益ばかり追い求めて長期的なビジョンがおろそかになっていることなど、行き過ぎた新自由主義による弊害が指摘されているのです。

こうしたことを考えると、今後も宇宙ベンチャーがどんどん増えていくのではなく、ベンチャー同士の合併や吸収、淘汰、そして倒産という事態が、世界ではもちろん、日本でも起こりうると、私は考えています。そしてさまざまな過程を経て、ニュースペース、オールドスペース、そして「官」の3つが、それぞれの役割を持ち、三者共存の形で残っていくことが、今後10年くらいの流れになるのではないかと想像しています。

## 民間人の宇宙旅行の歴史

ニュースペースが目指すビジネスの大きな柱の1つが、民間人の「宇宙旅行」の実現です。日本でも、実業家の前澤友作《まえざわゆうさく》さんが2021年に行なった宇宙旅行が話題になりました。読者の中にも、行けるものなら宇宙に行ってみたいと願っている方は少なくないことでしょう。もちろん私も、その1人です。

なお、宇宙旅行に似た言葉に「宇宙飛行」があります。両者の厳密な区別や定義はないのですが、私の感覚からすると、上空100キロメートルに引かれた「カーマン・ライン」と呼ばれる、地球の大気圏と宇宙空間との境界線を越えて宇宙空間に入り、数分から数時間程度の「宇宙体験」をして戻ってくるものが宇宙飛行かな、という感じです。一方、宇宙旅行というと、それなりの長い時間（数日など）宇宙空間に滞在して戻ってくるものを指すように思います。

では、民間人初の宇宙旅行者は誰かというと、アメリカの実業家デニス・チトー氏、いわゆるビリオネア（大富豪）の方です。2001年に自費で、ソユーズ宇宙船に乗って国際宇宙ステーションを訪れ、8日間滞在しています。

ちなみにそれよりも前の1990年には、当時TBSの社員だった秋山豊寛さんが世界初の民間人宇宙飛行士として、旧ソ連の宇宙ステーション「ミール」に滞在しています。秋山さんの場合は、ジャーナリストとして宇宙に行き、宇宙で実験を行なったりもしていますし、TBSが費用負担をしていることなどを考えると、観光目的の宇宙旅行者ではなく、宇宙で業務を遂行した宇宙飛行士に区分されるかと思います。

チトー氏以降、2000年代に6人（うち1人は2回）の民間人が宇宙旅行を行ないました。これらはみな、アメリカのスペース・アドベンチャーズという宇宙旅行代理店が、ロシアのソユーズ宇宙船で顧客を国際宇宙ステーションに運んだものです。当時のロシアは経済事情がよくなく、少しでも外貨を稼ぐために、ビリオネア相手に宇宙旅行ビジネスを推進していたのです。その費用はおよそ2000万ドルといわれています。当時の為替レートは1ドル＝90円台から120円台まで幅がありますが、2000万ドルはざっと20億円くらいのイメージになるかと思います。

## 日本の民間人もついに宇宙へ

その後、2010年代になると、じつは宇宙旅行をした人が1人もいませんでした。2021年10月、久しぶりの新たな民間人宇宙旅行者となったのは、ロシアの映画監督クリム・シペンコ氏と女優のユリア・ペレシルドさんでした。2人は国際宇宙ステーションで映画を撮影するために、ソユーズ宇宙船で訪れたのです。宇宙での映画撮影は史上初のことでした。

その2ヵ月後、日本の民間人として初の宇宙旅行者になったのが、衣料品通販大手「ZOZO」の創業者で実業家の前澤友作さんでした。2021年12月8日、マネージャーの平野陽三《ひらのようぞう》さんとともに、ソユーズ宇宙船に搭乗してカザフスタンのバイコヌール宇宙基地から打ち上げられ、国際宇宙ステーションに12日間滞在し、12月20日に地球への帰還を果たしました。国際宇宙ステーションでは、一般から募集した「100の実験」などの様子をユーチューブで配信するなどの活動をしたことは、メディアでも紹介されました。

今回の前澤さんの宇宙旅行の費用は公表されていませんが、事前の訓練費用や、地球帰還後のリハビリ（地球の重力に慣れるため）の費用などを含めて、2人分で100億円くらい（単純に2で割ると1人当たりおよそ50億円）かかっているのではないかといわれています。

さらに2022年4月には、「宇宙ホテル」の建設を目指していると先ほど紹介したアクシオン・スペースが募集した「初の民間主導による国際宇宙ステーション滞在ミッション」が実施されました。アメリカのスペースXの有人宇宙船「クルードラゴン」で、4名の民間人が国際宇宙ステーションを訪れたのです。ただし、そのうちの1人は元NASAの宇宙飛行士で、4回の宇宙滞在経験があり、今回のミッションでは船長として参加しました。残りの3人が初めて宇宙を訪れた宇宙旅行者ということになります。

## 月旅行のお値段は1000億円以上？

このように、これまでの宇宙旅行はみな、ビジネスで大成功した富裕層が何十億というお金を自費で払って、あるいはそうした人から幸運にも宇宙船のチケットをもらって、宇宙に行くというものでした。大富豪が宇宙に行きたがるのは、普通の人ができないことをしたい、行けないところに行きたいという思いを抱く人が多いからかもしれません。

それでは、我々庶民でも宇宙旅行に行ける時代は、いつ頃やって来るのでしょうか。

宇宙旅行をビジネスにしようとしているニュースペースの見立てとしては、富裕層がまずアーリーアダプター（初期採用者。新しい商品やサービスを比較的早期の段階で使う人）として宇宙旅行を始めていけば、それに追随する人が次第に増えていき、やがて宇宙旅行の価格が下がって、一般の人たちでも手が届くようになるだろう、というものです。しかし、宇宙旅行の価格が下がるスケールが、思ったよりも遅いような気がします。

その理由の1つは、有人宇宙船の開発自体がかなり遅れている、ということがあります。それから、先ほど、大富豪は宇宙に行きたがるといいましたが、必ずしもそういう人ばかりではない、ということなのかもしれません。2000年代に7人が宇宙旅行をした後、2010年代には誰も行っていないことからも、それがうかがえます。最初に宇宙旅行をしたチトー氏のような、一部の熱狂的なビリオネアたちがひと通り宇宙に行ってしまうと、その後に続く人はなかなかおらず、一度行けば十分で2回、3回と続けて行こうとは思わない（2回行った人は1人だけ）、ということなのかもしれません。

ただし、行き先が変われば、2回目の宇宙旅行を行なう人も出てくるでしょう。そんな1人が前澤さんです。前澤さんはスペースXが2023年にも実施する月旅行の、最初の民間人乗客になる予定です。「ディア・ムーン（dearMoon）」と題されたこのプロジェクトでは、世界中から募集した同乗者8人とともに、スペースXが開発中の超大型宇宙船「スターシップ」で月周回旅行を予定しています。その費用総額は1000億円を超えるとみられている、まさに夢のプロジェクトです。ただし、2023年に実現できるかどうかは、アルテミス計画でも宇宙飛行士を月面に降ろす月着陸船として使われる予定のスターシップが完成するかどうか否《いな》かにかかっています。

月周回旅行が実現すれば、参加したいと考える大富豪がまた出てくるかもしれません。しかし、一般庶民が自腹で月に行くことも不可能ではない価格になるのは、相当先のことでしょう。そして月旅行に限らず、宇宙に長期間滞在する宇宙旅行は、2020年代にはなかなか広まらず、どんなに早くても2030年代ではないかと思います。

### 宇宙飛行なら夢物語ではない？

一方で、地球の大気圏を抜けて、高度100キロメートルより上の宇宙空間を数分から数十分体験する「宇宙飛行」なら、今後どんどん実施されるようになるでしょう。これは弾道飛行（地球周回軌道に乗らず、弾道軌道を描いて地表に戻ってくるもの。サブオービタル飛行）とも呼ばれます。

２０２１年7月11日には、ヴァージン・ギャラクティックが創業者のブランソン氏ら６人を乗せた「スペースシップツー」で宇宙空間に到達しました（彼らは高度80キロメートル到達をもって宇宙飛行を実現したとしています）。また、すでに述べましたが、同月（7月20日）には、ブルーオリジンの「ニューシェパード」が、同社創業者でアマゾン創業者でもあるベゾス氏ら４人を乗せて、同社初の有人宇宙飛行に成功しました。こうした宇宙飛行を積み重ねて、民間人が「宇宙へ行く」ことへのハードルを少しずつ下げていくことが、２０年代に進んでいくだろうと思います。

２０２２年2月、ヴァージン・ギャラクティックは宇宙飛行のチケットを発売しました。飛行時間は約90分で、高度80キロメートル以上の宇宙空間（彼らがいうところの宇宙）に達して、宇宙に浮かぶ青い地球の姿や、宇宙船内の無重力状態などを楽しむことができます。

気になるお値段は、１人45万ドル。日本円で５８５０万円（１ドル＝１３０円計算）になります。頭金として15万ドルが必要だそうです。２０２２年内に商業サービスを始め、まずは１０００人の乗客を搭乗させるとのことですが、２０２２年9月時点ではまだスタートしていません。

宇宙飛行の分野は、日本の宇宙ベンチャーも含めた競争原理が働き始めることで、価格が少しずつ下がっていく可能性はあります。それでも数千万円台でしょうから、庶民には高嶺の花ですが、大金持ちでなくても「小金持ち」くらいなら思い切って「宇宙に行く」人が、２０２０年代のうちに増えてくるかもしれません。

第5章

# 宇宙資源は誰のものか

## 宇宙における「資源」とは何か

宇宙開発、とくに月開発や月よりも遠い深宇宙の開発が今後進むようになると、我々人類はさまざまな新しい問題に直面するはずです。本章では、私が以前から強い関心を抱いている「宇宙資源」の問題についてお話ししたいと思います。最初に、そもそも宇宙資源とは何かを説明しましょう。

資源とは、人間が生活したり、産業などのさまざまな活動を行なったりする上で役に立つもの、利用できるもののことです。すぐに思いつくのは、いわゆる天然資源と呼ばれるもので、樹木や水、鉱物などの天然の原材料が資源です。天然資源以外にも、経済資源、情報資源、人的資源など、広い意味では人間が利用可能なありとあらゆるものが資源となりますが、狭い意味では人間の諸活動に利用される天然資源のことを指します。

宇宙資源とは、文字どおり宇宙にある天然資源のことですが、とくに天体に存在する資源のことを指します。月や火星、小惑星などの中に存在して、人類の役に立つものを宇宙資源と呼んでいます。より具体的には、水や鉱物などです。

宇宙資源の使い方には、2種類あります。1つは、その資源を現地で使う方法で、もう1つは、宇宙資源を地球に持ち帰って使う方法です。

宇宙資源の使い方として、多くの方は後者の「地球に持ち帰る」ほうを想像するのではないかと思います。資源の少ない日本が、多くの天然資源を海外から輸入して利用しているように、地球では希少な資源を「宇宙から輸入」するのが狙いなのだと考えているのでしょう。しかし、宇宙資源に関しては、今のところは地球に持ち帰るのではなく、現地で使うことがおもに考えられています。

その理由は、これも想像がつくでしょうが、輸送コストが高すぎるためです。現在のロケットのコストは、1キログラムのものを国際宇宙ステーションなどがある地球周辺空間に運ぶのに、およそ100万円かかります。さらに遠くの月や小惑星となると、もっとかかります。したがって、輸送費が劇的に下がらない限りは、いくら地球上の資源が高騰しているからといって、まだ宇宙から採ってくる段階ではない、という見方のほうが強いのです。

ただし近年は、特定の資源、とくにレアメタルといわれている非常に希少な金属、たとえばプラチナやパラジウムは、地球上での需要の増大と資源の枯渇により、宇宙から採ってきたとしてもペイするのではないか、という話も出てきています。プラチナは宝飾にも3割程度使われていますが、同程度の量が自動車の排ガスを浄化する触媒に使われています。パラジウムは需要の8割以上を、やはり自動車の排ガス触媒が占めます。これらの金属は、地球上で採掘されていても採掘量が少なく、今後の需要拡大によって資源の枯渇が予想されているのです。

またレアメタルは、産出地域が偏《かたよ》っているという特徴があります。プラチナは約7割が南アフリカで、パラジウムはロシアと南アフリカが圧倒的に多く、スマートフォンやパソコンに使われているリチウムイオン電池の材料であるコバルトは、アフリカのコンゴ民主共和国が世界の産出量の半分以上を占めます。こうした国で政情不安があったり、あるいは産出国と政治的に対立すると、その途端に輸入が止まってしまう恐れがあるのです。

こうした問題を解決するために、将来的な可能性は別にして、当面は考えにくいとされていた「宇宙資源の地球持ち帰り」も、真剣に検討されるようになってきたのです。

## 小惑星はレアメタルが豊富

宇宙における資源の宝庫として注目されているのは、小惑星です。

地球も小惑星も、46億年前に太陽系の中で誕生した際には、ほぼ同じ材料から作られたと考えられています。しかし地球はいったん形づくられた後で、内部まで完全に溶けてしまいました。その時、比重が重い金属は地球の中心部に沈み、比重の軽い岩石が表面付近に残ったと考えられています。現在、私たちが採掘して利用している金属は、地表近くにわずかに残ったものなのです。したがって、地球の中心部には多くの金属、そしてレアメタルがあるはずですが、現在の人類が持つ技術では、それを採掘・利用することはできません。

一方、小惑星は一度も溶けたことがないと考えられています。そのため、金属が豊富、正確にいえば地球の表層（地殻と呼ばれる部分）よりも金属成分が多く、レアメタルも多く含んでいると考えられています。

日本の小惑星探査機「はやぶさ2」が、小惑星リュウグウのサンプルを採取して2020年12月に地球に帰還したことは、すでに述べました。現在、リュウグウのサンプルの分析が進められていますが、太陽系の始原的な隕石に似ていることが明らかになっています。これは、小惑星が地球の地殻の組成よりも金属が多い可能性を示すものとなります。

小惑星は組成の違いによって分類されていて、ニッケルや鉄などの金属だけでほぼできているものをM型小惑星といいます。もしも直径3キロメートルのM型小惑星を地球に持ち帰れば、200億トンの鉄と1億トン以上のプラチナが入手できるという試算もあります。これは産業革命以来、人類が利用してきた鉄の総生産量を上回り、プラチナの総生産量の2倍以上に匹敵するという、とんでもない量なのです。

## 小惑星の資源採掘を目指すベンチャーの登場

じつは2010年代前半に、アメリカで小惑星の資源採掘を目指すベンチャー企業が2つも立ち上がりました。

1つめが2010年設立の、その名もずばりプラネタリー・リソーシズ（Planetary Resources, Inc.）、つまり「惑星資源株式会社」です。この会社は、まず宇宙望遠鏡で小惑星を観測して資源のありそうな小惑星を見つけ、そのターゲットに小型探査機を送って詳細な調査をし、最終的に本格的な採掘を行なう、という3つのステップを考えていました。グーグルの共同創業者であるラリー・ペイジや、『タイタニック』などで有名な映画監督のジェームズ・キャメロンなど、そうそうたるメンバーが出資者に名をつらねていたことも、この会社に注目が集まった理由の1つでした。

そして2015年に、小惑星を観測する宇宙望遠鏡を国際宇宙ステーションから軌道に投入することに成功しました。2018年には2機目の宇宙望遠鏡をインドのロケットで打ち上げるなど、第1段階の活動を進めていました。

もう1つは、2013年設立のディープ・スペース・インダストリーズ（Deep Space Industries）で、日本語訳は「深宇宙工業株式会社」という、まさにしっくりくる名前の会社です。こちらもやはり、小惑星の調査などのステップを踏んで、最終的に資源の採掘を行なうことを目指しました。水から水素と酸素を生み出して推進力に使う宇宙船「プロスペクター」を開発して、2020年に小惑星に打ち上げる計画などを発表していました。

このようにベンチャー企業が小惑星での資源採掘を狙った背景には、当時のアメリカ・オバマ政権が打ち出していた「小惑星イニシアチブ」という宇宙プロジェクトがありました。その柱となっていたのが、第2章などですでに紹介しているように、小惑星を丸ごと（あるいは小惑星の大きな岩を）捕獲して地球の近くまで持ってきて、有人探査を行なう、何とも大胆な「ARM」計画です。

この計画の立ち上げ時点から、NASAは民間とタッグを組むことを考え、計画のアイデアを一般から募集することを発表するなど、異例の提案を行ないました。実際、先ほどの2社も提案を行なっています。そしてNASAから研究資金という形で、2社にお金が渡っています。つまり2社はNASAからバックアップを受ける形になり、それが信頼を担保することになってさらに多くの資金を集めることができたのです。

**小惑星資源採掘計画は頓挫したが……**

しかし、すでに話したように、ＮＡＳＡの小惑星捕獲計画は当初から技術的に実現がかなり難しいことが、多くの科学者から指摘されていました。そして実際に計画は思うように進まず、トランプ政権に代わった２０１７年に、計画は中止となってしまいました。

これと呼応するように、２社も経営が傾いていきます。２０１８年10月にプラネタリー・リソーシズがＩＴ企業に、３ヵ月後の２０１９年１月にはディープ・スペース・インダストリーズは宇宙産業の部品会社に買収されてしまいました。どちらの買収先でも、宇宙資源開発は行なっておらず、民間企業による大胆な小惑星資源採掘計画はこうして頓挫したのです。

ただし、この2社が破綻したことで、小惑星の資源採掘は不可能なのだとか、あきらめるべきだという意見には、私としては反対したいです。うまくいかなかったのは単に「彼らのチャレンジが早すぎた」からと考えているからです。

実際、年を追うにつれて、地球の資源のひっ迫度は上がっていますし、小惑星自体に資源があることも否定されてはいません。小惑星資源採掘の必要性がなくなったわけではないのです。ただ、2社があまりにも早く事業を行なったことと、ビジネス（お金儲け）に偏りすぎた形で経営していたことが、問題だったのではないでしょうか。もっとサイエンスに立脚し、着実な姿勢でことを進めていけば、もしかしたらアイデアを実現できたのではないか、とも思うのです。

逆に今後、ビジネスと科学を両立させられる会社が現れれば、小惑星の資源採掘も可能ではないかと私は考えます。そして、小惑星開発に新たに名乗りを上げるべく動いているようなグループも、ネット上ではいくつか見つかっています。将来、日本でもそうしたベンチャーが登場しても、おかしくはないでしょう。

## 人類の月面での活動の鍵を握る「月の水資源」

宇宙資源として、もう1つ、「月の水資源」について取り上げましょう。こちらは、有人月探査が再開されようとしている現在、より重要な問題です。

もともと月には、水が存在しないといわれていました。アポロ計画で持ち帰った月の岩石が、ほとんど水を含んでいなかったことが理由の1つです。もう1つは、アポロ計画で月面に地震計を置き、月震《げっしん》（月の地震）の様子が調べられた結果、月震がほとんど減衰せずに何時間も揺れ続けている、というデータがあったためです。これは地球と違い、月の大地は水を含まずに乾いているために、減衰が起こらないのではないかと推定されました。

ちなみに、月には「海」という名前のついた地名があります。たとえばアポロ11号が降り立ったのは、静かの海と呼ばれる場所でした。ただしこうした「海」は、水をたたえた場所ではなく、月の表面で黒っぽく見える部分（月の「うさぎ」の模様を形作っている部分）のことで、玄武岩《げんぶがん》と呼ばれる黒い岩石でできています。

さて、第2章で説明したように、1990年代にアメリカが送った2機の月探査機クレメンタインとルナープロスペクターによって、従来の予想に反して、月の極地域に水が存在するらしいということがわかってきました。まだ水そのものを見つけたわけではありませんが、さまざまな状況証拠から、水の存在はかなり間違いないものだとされています。

将来、人類が月面で長期的に活動する場合、水を現地調達できるかどうかは非常に重要です。水を地球から運べば、1リットルつまり1キログラム100万円もするわけで、あまりに高コストです。月の水は飲料用だけでなく、水を電気分解することで酸素も作りだせます。さらに電気分解してできた酸素と水素は、ロケットの燃料にもなります。人類の月面での活動の成否の鍵を握るのが、水という資源なのです。いうまでもなく月の水は、月という現地で使う資源です。

ただし1点、気をつけてもらいたいことがあります。「月の水の証拠が見つかった」などという時、水分子（$H_2O$）のことではなく、水と化学的に関連するヒドロキシ基（-OH：水酸基、オーエイチ基とも）のことを指している場合があることです。ヒドロキシ基は月の岩石などに結合して存在しており、石を高温で熱することで水として取り出せる可能性があるのですが、一般に私たちがイメージする水や氷とはちがいます。

## 月の極地域に氷が存在する理由

ヒドロキシ基にしろ、あるいは水分子にしろ、それが月の石と結びついた形で存在していると、これを利用するのは少し面倒です。しかし、月の極域、とくに月の南極のクレーター内には、氷（固体の水）が存在している可能性が高いと考えられています。

月は自転軸の傾きがとても小さく、そのために月の赤道部分では太陽がほぼ真上から当たり、一方、月の北極や南極では太陽光は地表ぎりぎりの低い角度から射してきます。ま

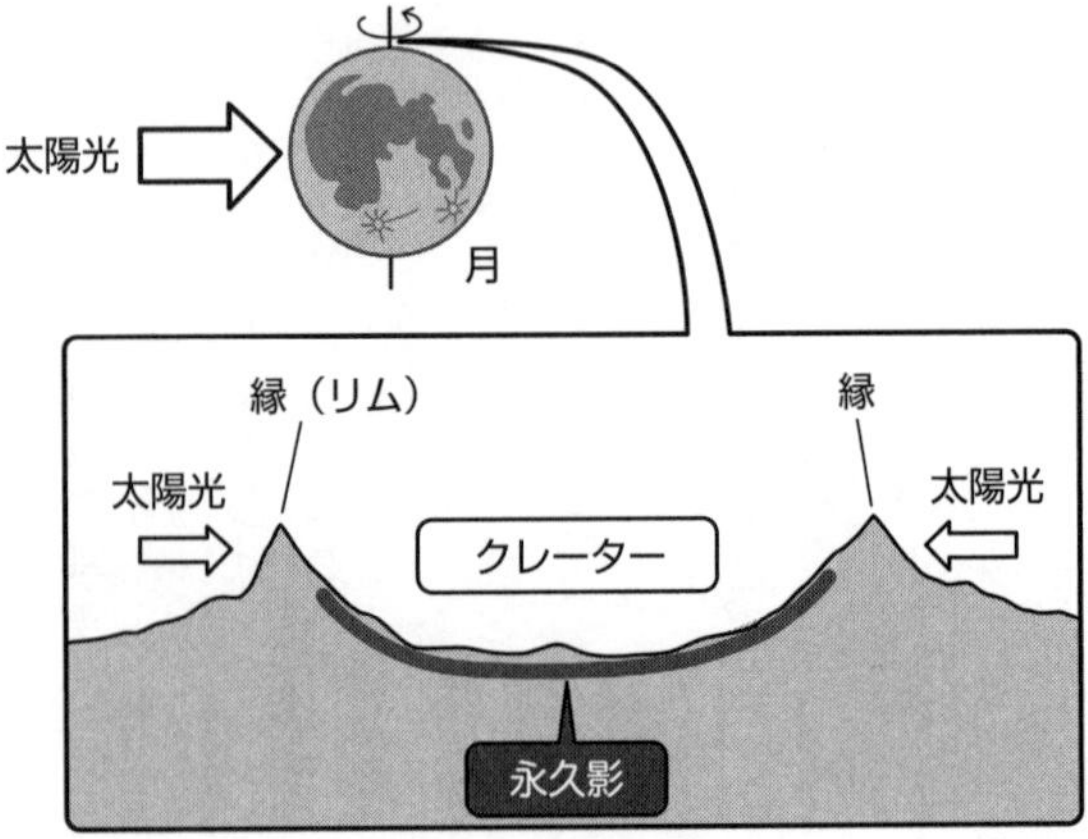


月の極域のクレーター内に永久影ができるしくみ。

た、月のクレーターの縁の部分には「リム」という盛り上がった場所があります。クレーターは月に隕石が衝突してできた跡ですが、衝突の反動で盛り上がった部分がリムになると考えられています。

リムは周囲よりも盛り上がっているので、月の極域にあるクレーターでは、ほぼ真横から差し込んでくる太陽光をリムが遮ります。そのため、クレーターの内部の深い部分には、太陽光が1年中当たらないのです。これを永久影といい、マイナス200度以下の極低温になっています。こうした場所では、水が氷の状態で存在できるのです。

逆に、クレーターのリムは、常に太陽光が当たるので「永遠の昼」と呼ばれます。そこで、永久影の中にある氷から水を作る際に、永遠の昼の場所で太陽光発電を行ない、その電気エネルギーを使って氷を溶かすといったことが可能です。このように月の極地域では、水も電気も手に入れられるので、将来、宇宙飛行士の有人拠点（月面基地）を建設する場所は極地域になるだろうと考えられています。

では、月にはどのくらいの水が存在するのでしょうか。アメリカの探査結果からは、月の北極にある40以上の小さなクレーターで氷が発見され、氷の総量は少なくとも6億トンはある、などといった報告がなされています。しかし月全体にどのくらいの水が存在するのかなどは、まだわかっていません。

## 極域で月の水資源を探す2つの探査計画

これまで間接的にしかわかっていなかった月の水の存在を直接確かめ、さらにその存在量をより正確に知るために、現在、いくつかの月探査計画が進められています。

その1つが、ＮＡＳＡの「ＶＩＰＥＲ（ヴァイパー）」計画です。ＶＩＰＥＲはVolatiles Investigating Polar Exploration Rover の頭文字で、直訳すると「揮発性物質調査極域探査ローバー」となりますが、揮発性物質とは水のことを指しています。

この計画では、中型（冷蔵庫サイズとのこと）のローバーを月の南極域に着陸させます。ローバーに搭載される4つの科学機器は、すべて月の地表や地下の水を捜索することに特化していて、VIPERの目的がただ1つであることを物語っています。当初は2019年に打ち上げられる予定でしたが、その後計画が変更され、2023年11月打ち上げとなりました。しかし2022年7月にNASAは、安全を確保するために、より詳細な地上テストが必要だとして打ち上げを延期し、2024年11月の打ち上げを発表しました。

もう1つは、日本とインドが共同で計画しているもので、名前を「LUPEX（ルペックス）」といいます。「LUnar Polar EXploration mission」、つまり月極域探査ミッションというそのままの英語名の頭文字から付けられたものです。

LUPEXは2024年度以降に、日本が開発中のH3ロケットで打ち上げられます。着陸機はおもにインドが担当し、月の南極域に着陸します。そしてローバーはおもに日本側が担当し、既存の観測データから水の存在が予想されている地点において、水の量に関する実際のデータを取得することを目指します。また水の分布やその状態、形態などを明らかにするといった、水の質についての調査も行ないます。さらにこのミッションでは、将来の月面活動に必要な「移動」「越夜」「掘削」等の重力天体表面探査に関する技術の獲得も目指しています。
アメリカのVIPER、そして日本とインドのLUPEX、この2つの探査によって、月の水の存在に関してはほぼ「答え」が出るだろうと期待されています。

## 宇宙資源は採掘した企業のものになる？

ここまで、小惑星の鉱物資源と、月の水資源の話をしました。宇宙資源は他にも、月のレゴリス（月の表面を覆う柔らかい砂）からセメントの材料となる灰長石《かいちょうせき》、そして鉄などを取り出すものなど、多種多様のものが考えられますが、本書ではその紹介を割愛させていただきます。

ここからは、宇宙資源全般に関する大きな問題を取り上げます。それは「宇宙資源は誰のものなのか」という、宇宙資源の話をする際に必ず出てくる、根本的な問題です。

現在、世界中の宇宙開発の基礎となっている条約は「宇宙条約」です。国連における宇宙法の制定作業の成果として誕生し、1967年に発効しました。その第2条では「月その他の天体を含む宇宙空間は、主権の主張、使用若《も》しくは占拠またはその他のいかなる手段によっても国家による取得の対象とはならない」と定められています。これを見ると、宇宙はみんなのものだとなりそうですが、よく読むと、宇宙は「国家」のものではない、と書かれています。

では、民間の場合はどうなるのでしょうか。民間企業や民間団体が自分でロケットを作り、小惑星のレアメタルを採掘したり、月のクレーターの永久影から水を取り出したりしたら、それはその企業や団体のものになるのでしょうか。宇宙条約は1960年代の米ソの宇宙開発競争への危機感から作られた、非常に古い条約なので、現在のような民間による宇宙開発をほとんど想定していないために、記述がないのです。

そして、先ほどの問いの答えは「一部の国では、イエス」です。たとえばアメリカは、2015年に宇宙法（アメリカ宇宙法）を改定して、アメリカの民間企業が採ってきた宇宙資源は、その企業に所有権が属する、と規定しました。それからルクセンブルクも同じような規定を出しています。

さらに日本でも2021年、「宇宙資源法（『宇宙資源の探査及び開発に関する事業活動の促進に関する法律』）」が成立しました。その第5条には「宇宙資源の探査及び開発に関する事業活動を行う者が宇宙資源の探査及び開発の許可等に係る事業活動計画の定めるところに従って採掘等をした宇宙資源については、当該採掘等をした者が所有の意思をもって占有することによって、その所有権を取得する」と書かれています。要するに、日本の企業が採ってきた宇宙資源は、その企業のものだと法律で明確に認められたのです。

この法律ができたことで、一部の日本の宇宙ベンチャーは俄然《がぜん》勢いづいて、宇宙資源の探査・採掘に乗り出そうとしています。そもそも法律名が、宇宙資源開発を促進するためと銘打っているのですから、宇宙ベンチャーが前のめりになるのも当然のことでしょう。

## 人類の知の損失となる前に

しかし宇宙協定では、宇宙はどこかの国家のものではない、みんなのものだといっているのに、なぜ民間企業が採ってきて、それを自分たちのものとしてよいのでしょうか。宇宙法の専門家によると、アメリカの理屈は「公海はどの国のものでもなく、誰のものでもないが、公海で釣った魚は自分のものにできる。これと同じだ」ということだそうです。確かに公海と魚についてはその通りなのですが、これを宇宙にまでそのまま拡張するのは、少し強引であるように私は考えます。

宇宙法の専門家は、宇宙条約上、宇宙資源に所有権を認めることは許されているだろうが、それをどこまで認めるかについて、各国の見解は分かれているとしています。月の石や小惑星の砂を少し持って帰ってきて、それを自分のものとすることは問題ないでしょう。しかし、民間企業が大量の宇宙資源を持ち帰って、自社の商品として販売したり、月や小惑星の一部を区切って「ここはうちの会社が採掘する場所だ」などと開発権を主張したりすれば、確実に問題になるはずです。

月の水の場合では、氷が存在する場所がきわめて限られている可能性もあります。そこにアメリカや日本の探査機が先に行って、氷をどんどん採ってしまって自分たちのものにしてよいのでしょうか。月の水の量はまだわかっていませんが、人間が利用可能な量は想定以上に少ない可能性もありえます。それを早い者勝ちにしてよいのかどうか、このあたりについては曖昧《あいまい》な部分が残っているといえるでしょう。

民間企業による宇宙資源の所有を認める法律を制定した国は、これまでアメリカ、日本、ルクセンブルク、UAEの4ヵ国だけで、オーストラリアも法制定に動いているという話が出ていますが、これを加えても5ヵ国です。したがって、我先にとあまり先走らずに、各国との慎重な協議が必要ではないかと私は考えます。

私はこれまで、学会などでも宇宙資源に関する話をしてきました。そもそも、月の水や小惑星の金属資源の量やありかといったことは、ビジネスの対象とする前に、科学的見地からもっと研究すべき重要なテーマだと考えています。月の水が見つかれば、どんどん使ってしまえばよい、ということではないはずです。一度失われたものは二度と取り戻せず、それは科学的に貴重な成果が失われることであり、人類の知の損失になります。我々が宇宙を探査し、宇宙に進出できるのは、連綿たる人類の知の営みの末でのことです。そのことに思い至れば、人類の知をおろそかにして、営利のみを目指して早い者勝ちのような宇宙資源の開発を行なうことに、もう少し慎重になってほしいと願っています。

# 第6章

# これからの宇宙開発と私たち

## 巨額の費用がかかる宇宙開発

本書の最後に、これからの宇宙開発・宇宙探査について、我々がどう考え、どう向き合っていくべきなのかを考えてみたいと思います。

「宇宙」という存在に対するイメージとして、多くの方は「夢」や「ロマン」といった言葉を最初に思い浮かべることが少なくないように思います。私は星空観察会などに講師として招かれてお話しする機会も多く、満天の星を見ていると確かに夢やロマンを感じることもしばしばあります。しかし、こと宇宙開発の話、つまりロケットを打ち上げ、無人・有人の探査機や宇宙船が現地に行くという話題になると、夢やロマンという言葉で語るにはあまりにも生々しすぎる現実が目の前に存在します。

まずは、お金の話からしましょう。「官から民へ」という流れが強まっているとはいえ、宇宙開発の費用の多くは、我々の税金から支出されています。たとえばＪＡＸＡの予算は、一般からの寄付金もあるものの、多くは政府出資金です。ＪＡＸＡの予算が２０１９年度まではほぼ横ばいだったのに、２０２０年度と２０２１年度で３００億円ほど大幅に増えたことを、第１章の最後にお話ししました。これは日本がアルテミス計画に参加することを念頭に、補正予算で大幅増額されたものでした。それを東京新聞で「なぜ新型コロナウイルスによる経済の落ち込みを回復させることが主目的の補正予算で、宇宙開発の予算が増額されるのか」と批判されたことも、お話しした通りです。

そもそも、アルテミス計画にはどれくらいのお金がかかるのかを、JAXAや日本政府は公表していません。一方、アメリカではきちんとした数値が公表されていて、たとえば1回のミッション、つまり今回のアルテミス1の打ち上げに、およそ41億ドルかかるとのことです。1ドル＝130円で計算すると、約5300億円です。今後、有人月周回を行なうアルテミス2、そして人類の月面再上陸となるアルテミス3までに、単純に3倍すればおよそ1兆6000億円という巨額が投入される見込みになります。

これだけ巨額の費用がかかるアルテミス計画に、日本は参画することを表明しています。日本の支出額がどの程度になるのか、明確に示さないまま、補正予算に乗じて何となく増額しているというのが現状です。

## 巨額の費用負担に見合う成果は？

日本がこれまで巨額の支出をしてきた宇宙開発に、国際宇宙ステーションがあります。日本は毎年約400億円を支出することが国際協定で決まっていて、2010年度までにすでに7100億円を支出しているそうです。それ以降、現在までに毎年400億円支出しているとすると、12年間で4800億円が上乗せされます。つまり、国際宇宙ステーションへの現在までの支出総額はおよそ1兆2000億円となります。

日本が毎年400億円、総額で1兆2000億円もの巨費を国際宇宙ステーションに投じてきたことを、国民の多くはちゃんと認識していないと思います。じつは関係者の間では、巨額の費用負担に見合う成果が得られているのかについて問題提起がなされ、昔から議論されています。

もっとも、毎年400億円の支出といっても、これはお金をNASAに支払っているわけではありません。その大半は、国際宇宙ステーションに物資を運ぶ輸送船「こうのとり」の打ち上げ費用などとして支出されています。そこには多くの民間企業が参加し、貴重な宇宙開発技術が日本に蓄積されており、これは十分なリターンがあると考えることもできるでしょう。また、国際宇宙ステーションの微小重力環境で行なわれた実験によって医薬品が開発されたり、宇宙ステーション滞在のために作られた消臭繊維が地上で実用化されたりするなど、目に見える成果はいくつも挙げられます。

それでも、そうしたことを国民がきちんと理解した上で、国際宇宙ステーションへの支出を認めてくれているとは、とても思えません。２０１５年、当時の河野太郎《こうのたろう》行政改革担当大臣は、国際宇宙ステーションの予算に関する行政事業レビュー（国による行政事業の総点検）において、次のように発言しています。

「宇宙ステーションに日本人が行って喜んでいるという時代はそろそろ終わったのではないのか、８０００億円近いお金が累計で投下されて（注：当時の額）、果たしてそれに見合ったリターンがあったのか、厳密に見ていかなければいけない時期だと思います」

こうした視点を持つ人は、これからもっと増えていくでしょうし、そうした厳しい目線でチェックしていくことが今後必要になると思います。今回のロシアによるウクライナへの軍事侵攻の結果、ロシアが２０２４年以降のどこかの時点で国際宇宙ステーションから離脱することを表明しました。そうなるとロシア離脱後、日本はより多くの支出を求められる可能性もあります。こうしたことに対しても、きちんとした説明がなされないまま、国民もよく知らないでも平気なまま、何となく支出が増えていくという従来のパターンを繰り返していてはいけないと、私は考えています。

## 税金の使い道を明らかにしない・チェックしない日本人

アルテミス計画の話に戻しましょう。こちらは国際宇宙ステーションが周回している高度400キロメートルという地球近傍ではなく、38万キロメートルも離れた月に人類が行く、それも今後何度も行くという話です。当然、輸送費は高くなります。また、地球低軌道にはスペースシャトルで何回も行ったことがあるとか、ロシアが宇宙ステーション「ミール」を作った実績があるといった、経験済みのことを行なっていくわけではありません。アポロ計画という半世紀以上前の先例があるとはいえ、それこそ半世紀ぶりとなる月周辺空間や月表面での人間の滞在を行なうとなると、想定外の費用が今後どんどん発生してくることも予想されます。

そうなると、国際宇宙ステーションに日本が支出している費用よりも多くの、たとえば年間1000億円といった巨額を払っていくことになる可能性も、十分に考えられるでしょう。現在、新型コロナウイルス感染症への対応がいまだに続き、ロシアのウクライナ侵攻による世界経済への悪影響が長期化するなど、地球上の人に間の生活が大きく混乱しています。そうした中、果たして宇宙開発に巨額を投じることに意味はあるのか、我々は何のために宇宙開発を行なっていくのかを、日本国民全体でもっと議論していくべきだと、私は考えます。

　アルテミス計画を始め、国家が（民間も交えて）宇宙開発を大いに進めるアメリカの場合は「タックス・ペイヤー（taxpayer：納税者）」という言葉が非常に重みを持っています。我々は国に対して税金を払っているのだから、国からのリターンもあるべきだ、ということです。そして税金が何に対してどれだけ使われているのかを、国民がしっかりチェックしています。

　それに対して日本では、税金は「お上に納めるもの」や「取られるもの」という意識が強く、納めた・取られた税金が何に使われているのかは、あまり気にしない傾向があると、昔からいわれています。政府も、税金を何にどれだけ使おうとしているのか、あるいは使ったのかを、国民に対して丁寧に説明しようとする意識が希薄です。

　アルテミス計画は現在、開発ステージにあるので、ここから数年が一番お金のかかる時期に入ってくるはずです。にもかかわらず、今後の費用負担の見通しについて、ＪＡＸＡや国からの明確な説明はないように見えます。このままだと、我々は「アルテミス計画にこれだけかかりました」という領収書だけを見せられて、納得せざるを得ないという、いつものパターンがまた繰り返されてしまうという懸念があります。

## 何のために宇宙開発を行なうのか

そもそも、宇宙開発は何のために行なうのかという、もっとも根本の部分を、じつは我々はよくわかっていないのではないでしょうか。それがわからないと、宇宙開発に巨額を費やす意味も、その成果として何を求めるのかも、考えることができないはずです。

19世紀末から20世紀前半にかけて、独学で宇宙飛行の理論を研究し、ロケットで宇宙旅行に行ける可能性を示したことから「宇宙旅行の父」と称されるのが、ロシアの物理学者コンスタンチン・ツィオルコフスキーです。彼は「地球は人類のゆりかごである。しかし人類はゆりかごにいつまでも留まっていないだろう」という名言を残しました。しかし、現在の我々は、地球というゆりかごから飛び立とうとして宇宙開発をしているとは、あまりいえないように思います。また、登山家が「そこに山があるからだ」といって高い山に挑むように、そこに宇宙があるから我々は宇宙に行こうとしているわけでもないでしょう。さらにアポロ時代のように、世界の超大国が軍事力や科学技術力でどちらが優れているかを競うデモンストレーションとして行なわれているのとも違います。

現在、世界の国や人々が宇宙開発を行なう理由の1つは、やはり経済的な観点からでしょう。人間の経済活動の範囲はどんどん拡大し、その一部は宇宙にまで及ぶようになりました。これが将来、さらに広がりを見せて、月や火星に人類が住んだり、観光旅行をする人が増えていくと考えられます。世界的金融グループであるモルガン・スタンレーの2020年発表の予測によると、2040年の宇宙産業の経済規模は当時の3倍以上の1兆ドル（当時のレートで約120兆円）以上になるとしています。それを見越して積極的に宇宙開発に乗り出し、自国が少しでも経済的に有利な立ち位置を占められるようにしたい、という思惑を、どの国も持っていると思います。

もう1つの理由は、やはり軍事的な目的です。他国の様子を探る偵察衛星や、他国の人工衛星に対する攻撃や妨害活動を目的としたキラー衛星、弾道ミサイルの発射を探知する早期警戒衛星などで、自国を守るため、さらには他国を侵略するため、あるいは宇宙に軍事拠点を設けるためなど、軍事目的で宇宙開発が行なわれているのは、まぎれもない現実です。

大事なことは、ここまでお話ししてきたように、日本でも宇宙開発を行なう理由が確実に変わってきている点です。日本の宇宙開発は、世界で唯一、軍関係から出発しておらず、純粋な科学技術への興味という観点から糸川先生が実験を始めて、基本的にその流れを踏襲して現在に至っています。しかしここに来て、2015年策定の新たな宇宙基本計画で、日本の宇宙開発の目的の最初に「宇宙安全保障の確保」が掲げられたり、防衛省が宇宙開発の一翼を担うことを打ち出すなど、日本でも宇宙開発が安全保障と密接に絡んで進められていくことが明確に示されています。

たとえば2022年7月、JAXAは将来の航空機における極超音速飛行（音速の5〜6倍以上）を想定した「スクラムジェット燃焼」の試験を行なう観測ロケット「S－520－RD1」の打ち上げを内之浦宇宙空間観測所から行ないました。日本のスクラムジェットエンジン開発は、1980年代に当時のNAL（現JAXA）で始められたもので、関係者にとっては40年越しの悲願でもありました。ただし、今回の実験装置は防衛装備庁の委託研究制度に基づいて費用が提供されたものであり、防衛省の実験装置が搭載されたことになります。しかもそれを搭載したS－520－RD1は、糸川先生が作った宇宙研の直系のロケットです。いわば「平和の象徴」たる宇宙研のロケットに、防衛省提供の実験装置が載る、そういう時代になっているのです。

私は、このことを二元論的に「良い」「悪い」では判断しません。時代が変わり、世界情勢も変わり、そうした中で日本の宇宙開発の目的や進め方が変わり、防衛省が宇宙開発に関わることも行なわれている、ということだと理解しています。ただし、同時に「日本の宇宙開発のこうした変化を、納税者たる日本の皆さんはご存じですか?」「政府やJAXAは、こうした変化・方針変更を国民に丁寧に説明してきましたか?」という点について問題提起をしたいと思います。「何となく、こういうことになりました」とでもいうように、JAXAもさらっとしか説明せず、防衛省もリリース1本出しておしまい、国民はそんなに気づかないだろうと、そういう姿勢を強く感じるのです。

## 宇宙開発について知ること・伝えることの重要性

宇宙開発をめぐる現状認識として、これまでのように「日本は平和目的で宇宙開発を行なっています」とはもはやいえず、今後もおそらくそうはならないでしょう。軍事面での安全保障、そして経済安全保障などと、日本の宇宙開発とが非常に密接に関わるものに変わっていくのであれば、我々も宇宙開発を見る目をそのように変えていかなければなりません。

本来はさらに「それでいいのか?」という議論をしなければなりませんが、そうした議論を行なう前提として、我々の認識を変えていかなければならないのです。そこには「夢」や「ロマン」などの要素はほとんどなく、そうした言葉に惑わされ、ごまかされないようにしないといけないのです。

また、一般の方は宇宙や宇宙開発について、日常生活とはあまり関係のない、遠い世界のことのように感じることも多いだろうと思います。しかし実際には、スマートフォンで自分の現在地がわかるのはアメリカのGPSという衛星を使った位置情報システムがあるからですし、衛星放送も宇宙開発によってもたらされたものであり、我々は宇宙開発の恩恵を日々受けています。また、我々の経済は完全にグローバル化されており、国際紛争や内乱などが起これば、日本でも物価の高騰や製品の不足など、日常生活に直結する影響が出ます。そうした経済安全保障と宇宙開発が密接に絡むのであれば、宇宙開発が我々の日常生活から遠くないところにあることに気づいてもらえるかと思います。

ですから、一般の方に宇宙開発のことをもっと知ってほしい、興味を持ってほしいと思いますが、宇宙開発に限らず、科学技術に関することは難しい内容が多く、理解することも、わかりやすく説明することも、容易ではありません。新型コロナウイルスのパンデミックでも、多くの人が「結局、どうしたらいいのか、何が正しいのか」がわからず（専門家もわからないことが少なくないのですが）、混乱に拍車がかかりました。したがって、宇宙開発や科学技術について、わかりやすく、もちろん正しく、伝えられる人やメディアが今後ますます重要になっていくだろうと、手前味噌ながら思う次第です。

もちろん、政府やJAXAが、宇宙開発についてメリットだけでなくリスクもちゃんと国民に伝え、コミュニケーションをとっていくことは非常に重要です。そうした情報開示やコミュニケーションをおろそかにしてきた科学技術分野の1つが、原子力エネルギーだと思います。メリットだけを強調してリスクはできるだけ隠し、反対派を押さえつけてまで推進してきた結果が、現在原子力発電所の再稼働を困難にするような国民の不信を招いたのではないでしょうか。

宇宙開発でも当然、さまざまなリスクがあります。それらを隠して、「アルテミス計画で、日本人宇宙飛行士が2020年代後半に月に降り立ちます」などといった夢やロマンだけを口にしていては、リスクが現実化した際の国民の反感・反発が大きく、原子力エネルギーと同じ轍《てつ》を踏むことにもなりかねません。

## 宇宙ビジネスはバブル？

メリットだけが語られ、リスクがあまり口にされない傾向は、宇宙ベンチャーに関してもあてはまるように感じます。「官から民へ」という流れを受けて、そしてアメリカでの宇宙ベンチャーの隆盛を受けて、日本でも２０１０年代から多くの宇宙ベンチャー企業が誕生し、資金を集めています。しかし、アメリカでは宇宙ベンチャーの大型倒産が起こっていることも、すでにお話ししました。

じつはアメリカで、２０２２年4月から6月の第2四半期でスタートアップ企業への投資が、前年同期比で22％減少しています。これは２０１０年以降で最大の減少幅とのことで、コロナ禍をきっかけとした低金利による影響などが指摘されています。これはスタートアップすべての話であり、宇宙ベンチャー・宇宙関連のスタートアップに限った話ではありませんが、従来ならリスクを多少とっても急成長が見込まれる革新的な企業に投資していた人たちの投資意欲に急ブレーキがかかっていると解釈できるでしょう。スタートアップは投資がなければあっという間に倒産しますので、これは非常に危険な兆候だといえます。

日本では幸いに、まだ宇宙ベンチャーの大きな倒産は起こっていませんが、今後も起こらない保証はもちろんありません。アメリカの投資傾向は1年遅れくらいで日本に波及するのが一般的ですから、来年・再来年あたりに日本の宇宙ベンチャーが投資減退に直面した時に、生き残れる企業がどれくらいあるかわかりません。一方で、現在も経済産業省などは宇宙ベンチャー支援を進めていますので、それに乗って起業したものの、投資減退に苦しんであえなく倒産するような可能性も否定できないでしょう。

そして日本の保守的な風土を考えると、こんなことではベンチャーに二度と宇宙開発は任せられない、といった世論が醸成される可能性もあります。そうなったら、官民が連携して日本の宇宙開発を進めていこうとしていた、その枠組みが崩壊してしまうことにもなりかねません。

個人的には、現在の宇宙ベンチャーブームはやや煽《あお》りすぎ、バブル気味ではないかという思いを抱いています。お金儲けに性急になるのではなく、もっと基礎技術を確立すべきであるように思います。また、宇宙開発の中で国（公共セクター）が果たす役割を今一度見直す時期にあるとも感じています。「官から民へ」を掲げた１９８０年代以来の新自由主義による弊害が指摘されていることはすでに触れましたが、宇宙開発において今後も民間にどんどん活躍の場を渡していった際に、たとえば少ない予算内でうまく回してきた日本の長所を今後も発揮できるのかなど、検討すべき・見直すべき点は多々あるかと考えます。

## 著者の提言：日本は有人宇宙船を自前で持つべき！

日本の宇宙開発は何を目的とし、どの方向に進むべきなのかについて、多くの国民が議論に参加してほしいと願っていますが、私から1つ、提言をしたいと思います。それは「日本は有人宇宙船を自前で持つべきだ」ということです。

今後、人類が常に地球近傍の宇宙空間や月面、あるいはもっと遠くの小惑星や火星で活動し、居住する時代は、遠からずやって来るでしょう。そうした想定のもと、日本はそれらへの独自のアクセス手段、つまり自前の有人宇宙船を持ち、日本の判断でそこに行けるようになっておくべきです。

「有人宇宙船はアメリカに借りるか、作るにしても国際共同でいいのでは？ 日本独自で持つのはお金がかかるし、自動車だって、今後はマイカーではなく、カーシェアの時代でしょう？」

こう考える方もいるかもしれません。しかし、たとえばアメリカにお金を払って乗せてもらうと、高い料金をふっかけられる上に、さまざまな言い分を飲まざるを得ません。宇宙開発に限らず、国際共同で物事を行なうことは非常に大変で、各国が自らの事情を主張しまくる外交の場になるのが常です。予算の配分から始まり、誰をいつ乗せるか、問題が発生した時にどうするかなど、交渉や調整ばかりになってしまいます。カーシェアも、使いたい時に他の人が使っていたとか、乗ったはいいが、前の使用者がゴミをそのまま残していたとか、そんな問題ばかりで、車好きの私からすると、自前で持つに限るというわけです。

一方、天文学の分野では、国際共同で南米・チリに建設された電波望遠鏡のアルマ望遠鏡や、同じく国際共同での建設を目指している口径30メートル級のTMT望遠鏡など、大口径の新型望遠鏡や次世代望遠鏡は、予算面からもはや1つの国では作れず、国際共同で作る流れになっています。しかし、天文学と宇宙開発には大きな違いがあります。それは、望遠鏡での観測は軍事技術に結びつきませんが、宇宙開発、とくにロケット技術は軍事技術になり得るという点です。それゆえ、日本に軍事目的への転用の意思がなくても、他国から警戒され、技術供与をされず、共同で有人宇宙船を作ろうとはしてくれない可能性が十分に考えられます。だから自前で持っておく必要があるのです。

そもそも、国際共同や共同開発というものは、同じレベルの技術を持っていて、初めて成立します。一方が持っていない技術を、もう一方が与えるということは、たとえば技術供与をしてその国を縛りつけるといった別の意図がない限り、絶対にありえません。日本がアメリカと宇宙開発分野で協調できているのは、ひとえに双方の技術力が非常に近いため、アメリカから日本の技術力を高く評価されているためです。

そんなアメリカも、古い話になりますが、1990年代には日本製のスーパーコンピュータや人工衛星をアメリカの企業が購入することを禁止する、いわゆるスーパー301条を発動して、NECや三菱電機など日本の人工衛星企業に大ダメージを与えました。同じように、アメリカが日本に対して急に経済制裁を発動する可能性が、今後もないとは限りません。いつ何が起こるかわからないのが国と国との関係であることを、我々はロシアのウクライナ侵攻で学んだばかりです。

こうしたことを考えれば、科学技術の中でも高い特殊性を持つ宇宙開発については、他国に頼らず、自国でしっかりと行なっていくことが大事だと考えます。だから、日本は自前で有人宇宙船を開発し、持つべきなのです。

## 日本が世界の宇宙開発のイニシアチブを取れるように

その一方で、宇宙開発における国際協調などを考えた時、日本が果たすべき役割は非常に大きいと考えます。何度も述べてきたように、日本は世界で唯一、軍事とは関係なく宇宙開発の技術を培ってきた国です。そして憲法第9条という「平和」条項を持ち、他国に対して戦争という形で秩序を破壊することを選択しないと宣言している国です。こうした国が、宇宙開発は平和裏に行なうべきであり、領有権などを主張するのではなく、各国が協調して進めていこうと発言すれば、それはアメリカや中国が同じことをいうよりも100倍も説得力を持つと思います。

糸川先生に始まり、我々の先輩方がこれまでこつこつと築き上げてきた、平和の精神に基づいた日本の宇宙開発の実力とその思想は、我々の大きな財産です。そしてそれは、今後の日本と世界の宇宙開発においても大きく活きてくるものであり、日本は技術面と思想面の両方で世界の宇宙開発のイニシアチブを取っていくことを目指すべきではないでしょうか。そして、それができる立ち位置に日本がいることを、皆さんにも知っていただきたいと思います。

今後の宇宙開発など、宇宙利用をめぐる諸問題については、国連宇宙空間平和利用委員会（COPUOS：コーパス）で議論が進められています。宇宙活動の長期持続可能な利用を目的としたガイドラインの採択、スペースデブリに関する技術的検討、宇宙資源の探査・開発・利用など宇宙活動により生ずる法律問題に関する検討などが行なわれています。日本も、宇宙法研究の第一人者であり、COPUOS法律小委員会で議長を務める青木節子《あおきせつこ》さん（慶應義塾大学大学院法務研究科教授）が活躍するなど、存在感を示しているところです。

そして、宇宙の探査や利用に関する国際条約である宇宙条約は、1967年発効という古い条約であり、しかも宇宙での国家同士の戦争や軍事活動を一刻も早く止める必要があることを念頭に、かなり偏った内容で制定されたものとなっています。したがって、宇宙に国家だけではなく民間企業が、場合によっては個人が進出しようとしている現状に合わせた形で、条約の大改定を行なう必要があると私は考えます。そして、その方向で日本が積極的に各国に働きかけ、改定の議論をリードすることを期待しています。

**宇宙開発の転換点に立って**

私が宇宙開発の世界に身を投じて、およそ30年という歳月が経過しました。そんな私から見て、この2022年、あるいは2020年代初頭という時代は、宇宙開発の大きな転換点になってきている、という認識を持っています。これまでとは違う、新しい宇宙開発のあり方が始まろうとしている、すでに始まっているということです。

アルテミス計画がスタートし、この先、日本人が月に降り立つとか、我々が宇宙旅行に気軽に（というよりもがんばれば？）行けるようになるといった、子どもの頃に思い描いた夢が実現するという、わくわくする未来も待っていることでしょう。その一方で、軍事や経済安保といった、複雑な世界情勢の中で生きる我々が避けて通れないものと、日本の宇宙開発が結びつき始めてきている、という現実も見えています。

そうであれば、今後、日本と世界の宇宙開発がどのように変わっていくのかを、この世界に30年関わってきた者として注視していきたいです。そして皆さんにも、ニュースなどで宇宙開発の話題になった時に、自分にも少なからぬ影響があることとして関心を寄せていただきたいと思います。そして、短いニュースではわからなかったことや説明されなかったことを知るために、本書を読み返すなどして利用してもらえれば幸いです。

切りとり線

★読者のみなさまにお願い

この本をお読みになって、どんな感想をお持ちでしょうか。祥伝社のホームページから書評をお送りいただけたら、ありがたく存じます。今後の企画の参考にさせていただきます。また、次ページの原稿用紙を切り取り、左記まで郵送していただいても結構です。

お寄せいただいた書評は、ご了解のうえ新聞・雑誌などを通じて紹介させていただくこともあります。採用の場合は、特製図書カードを差しあげます。

なお、ご記入いただいたお名前、ご住所、ご連絡先等は、書評紹介の事前了解、謝礼のお届け以外の目的で利用することはありません。また、それらの情報を6カ月を越えて保管することもありません。

〒101-8701（お手紙は郵便番号だけで届きます）
祥伝社　新書編集部
電話03（3265）2310
祥伝社ブックレビュー　www.shodensha.co.jp/bookreview

★本書の購買動機（媒体名、あるいは○をつけてください）

| | | | | | |
|---|---|---|---|---|---|
| ＿＿＿＿新聞の広告を見て | ＿＿＿＿誌の広告を見て | ＿＿＿＿の書評を見て | ＿＿＿＿の Web を見て | 書店で見かけて | 知人のすすめで |

★100字書評……2025年、人類が再び月に降り立つ日

名前

住所

年齢

職業

寺薗淳也　てらぞの・じゅんや

1967年東京都生まれ。名古屋大学理学部卒。東京大学大学院理学系研究科博士課程中退。宇宙開発事業団、宇宙航空研究開発機構（JAXA）、日本宇宙フォーラム、会津大学などを経て、現在、合同会社ムーン・アンド・プラネッツ代表社員。有限会社ユニバーサル・シェル・プログラミング研究所上級UNIXエバンジェリスト。専門は惑星科学、情報科学。1998年より、月・惑星の知識や探査計画を紹介するサイト「月探査情報ステーション」の編集長を務め、NHKほかメディアへの出演経験も豊富。主な著書に『惑星探査入門』（朝日新聞出版）、『宇宙開発の不都合な真実』（彩図社）など。

「月探査情報ステーション」https://moonstation.jp/

**2025年《ねん》、人類《じんるい》が再《ふたた》び月《つき》に降《お》り立《た》つ日《ひ》**
**――宇宙開発《うちゅうかいはつ》の最前線《さいぜんせん》**

**寺薗淳也《てらぞのじゅんや》**

2022年11月10日　初版第1刷発行

発行者……………辻 浩明
発行所……………祥伝社しょうでんしゃ
〒101-8701　東京都千代田区神田神保町3-3
電話　03(3265)2081(販売部)
電話　03(3265)2310(編集部)
電話　03(3265)3622(業務部)
ホームページ　www.shodensha.co.jp

装丁者……………盛川和洋
印刷所……………萩原印刷
製本所……………ナショナル製本


Printed in Japan ISBN978-4-396-11667-5 C0244